코딩 교육이
걱정되는 부모를 위한

우리
아이
첫 코딩
WITH 엔트리

KB192013

 **: 머리말 :**

세상이 변했는데 교실은 그대로다? 스티브 잡스 이후로 그와 같은 인재를 길러내야 한다는 사명 아래 교육 현장은 조금씩 변화하고 있습니다. 그리고 그 중심에 대표적으로 코딩 교육이 있습니다.

최근 진행되는 코딩 교육과 관련해 현장에서는 크게 두 가지 요소에 대해 우려를 표하기도 합니다. 첫째는 '변화에 대한 막연한 두려움', 둘째는 '주먹구구식 교육 행정에 대한 불신'입니다. 첫째의 경우 교육자에 대한 교육과 부모의 인식 변화로 점차 해결되리라 생각되지만, 두 번째에 대해서는 필자도 심히 공감하고 있어 조금이나마 교육 환경에 도움이 되고자 이 책을 쓰게 되었습니다.

교사와 부모가 제대로 코딩 교육에 대해 인지하지 않고 시작한다면 단순히 컴퓨터 활용에 그치게 될 것입니다. 코딩 교육이 필요한 이유는 크게 3가지 정도 말할 수 있습니다. 첫째, 논리적 사고 증진 및 훈련을 위한 최적의 수단이고 둘째, 재미 위주의 학습이기에 학생들이 흥미를 갖고 적극적으로 참여하기 좋은 용도가 되며 셋째, 실생활에 접목된 문제를 해결하고 결과를 만들어내 미래 사회에 꼭 필요한 실천 기술을 습득하는 것입니다. 최근에는 저가형 3D 프린터를 통해 간단한 제품으로 결과를 만들어낼 수도 있고, 이 책에서 다루는 엔트리와 같은 프로그램 언어로 소프트웨어를 작성할 수도 있습니다. 다만 결과를 만들어내는 세 번째 단계에만 치중한다면 일회성 놀이로만 끝나버릴 수 있고 이는 아이의 미래에 전혀 도움되지 않을 것입니다. 이것이 '코딩'이 중요한 것이 아니라 코딩 '교육'이 중요한 이유입니다.

코딩 교육이 필수는 아니지만 초중고에서 진행되는 교육 방법과 접목하면 아주 큰 효과를 낼 수 있는 것은 확실해 보입니다. 그 대표적인 예가 프로젝트 기반 학습인 PBL(Project Based Learning)입니다. 앞으로 초중고 대부분의 수업이 점차 PBL로 진행될 것입니다. PBL은 여러 명이 팀을 짜거나 혹은 단독으로 진행할 수 있으며 현실에서 겪을 수 있는 다양한 문제를 학습자 스스로 해결해나가는 교육 방법입니다. 그리고 코딩은 이 PBL을 단순 토론에서 실천으로 가장 효과적으로 이끌어낼 수 있는 중요한 실천 방법입니다. 실제로 우리 주변의 문제를 파악하고 개선점을 고민해 보는 PBL에서 학생들은 가설 단계이상의 실천 단계에서 상당한 현실적 제약을 만날 수밖에 없습니다. 코딩 교육은 그 제약을 상쇄시킬 수있습니다. 교실 내에서 청소 당번을 결정하는 시스템을 제안한다든지, 용돈 관리를 위한 가계부를 만들

우리 아이 첫 코딩

WITH 엔트리

우리 아이 첫 코딩
WITH 엔트리

Copyright ⓒ 2019 by Youngjin.com Inc.

1016, 10F. Worldmerdian Venture Center 2nd, 123, Gasan digital 2-ro, Geumcheon-gu, Seoul, Korea 08505

ISBN 978-89-314-6146-6

독자님의 의견을 받습니다

이 책을 구입한 독자님은 영진닷컴의 가장 중요한 비평가이자 조언가입니다. 저희 책의 장점과 문제점이 무엇인지, 어떤 책이 출판되기를 바라는지, 책을 더욱 알차게 꾸밀 수 있는 아이디어가 있으면 팩스나 이메일, 또는 우편으로 연락주시기 바랍니다. 의견을 주실 때에는 책 제목 및 독자님의 성함과 연락처(전화번호나 이메일)를 꼭 남겨 주시기 바랍니다. 독자님의 의견에 대해 바로 답변을 드리고, 또 독자님의 의견을 다음 책에 충분히 반영하도록 늘 노력하겠습니다.

이메일 : support@youngjin.com
주 소 : (우)08505 서울시 금천구 가산디지털2로 123 월드메르디앙벤처센터2차 10층 1016호 (주)영진닷컴 기획1팀
파본이나 잘못된 도서는 구입하신 곳에서 교환해 드립니다.

STAFF

저자 김선화 | **총괄** 김태경 | **기획** 최윤정 | **디자인** 박지은 | **편집** 박지은, 신혜미 | **영업** 박준용, 임용수
마케팅 이승희, 김근주, 조민영, 김예진, 이은정 | **제작** 황장협 | **인쇄** 예림인쇄

어 보거나 3D 프린터를 사용해 나만의 선풍기를 제작해 보는 등 짧은 시간을 들여 여러 가지 주변의 문제를 직접 해결해 볼 수 있는 것입니다.

우리나라보다 먼저 코딩 교육을 시작한 영국에서는 다음의 6단계로 코딩 교육을 진행합니다. 첫째, 어떤 앱을 만들 것인가(기획), 둘째, 팀에서 누가 어떤 역할을 맡을 것인가(프로젝트 관리), 셋째, 어떤 차별점을 가질 것인가(시장조사, 차별화), 넷째, 어떻게 메뉴를 구성하며 디자인할 것인가(UX, 디자인), 다섯째, 어떻게 구현할 것인가(코딩), 여섯째, 어떻게 시장에 퍼트릴 것인가(마케팅)입니다. 문제 제기와 지역사회 연계, 마케팅 등 시장 분석 능력, 디자인 구상을 통한 사용자 경험(UX) 예측, 팀 리딩 및 협업에 더해 마지막으로 코딩 능력까지 망라한 PBL 그 자체입니다. 이와 같이 코딩 교육이란 단순히 코딩 기술에만 초점을 맞출 것이 아니라 프로젝트 하나를 처음부터 끝까지 마무리하는 PBL의 관점에서 이해해야 합니다.

필자도 아이를 키우는 부모로써 아이의 미래 교육에 맞닿은 진정한 소프트웨어 교육 현장의 길은 아직 멀게만 느껴집니다. 그리고 이 책이 코딩 교육의 이상에 점차적으로 가까워지는 데 일조하기를 바랍니다. 이 책이 나오기까지 옆에서 아낌없이 조력해 준 가족들에게 감사를 전합니다.

저자 **김선화**

서강대학교 컴퓨터공학과 소프트웨어공학 연구실 석사과정을 졸업하고 삼성전자에서 책임연구원으로 10년을 근무하였다. 현재는 홀리카우소프트를 설립, 소프트웨어 유아교육과 관련된 프로젝트를 진행하고 있다. 저서로는 'HTML5+CSS3 무작정 따라하기'를 비롯 '웹 표준사이트 & 모바일 애플리케이션 개발을 위한 HTML5+CSS3', 'MongoDB 핵심 가이드 : 클라우드와 빅데이터의 강력한 파트너 –열혈강의'가 있으며 테크트랜스 그룹 T4라는 번역 그룹으로도 활동, '스프링 인 액션', '구글 애널리틱스로 하는 데이터 분석', '실무에 바로 적용하는 Node.js' 등 10권 이상의 번역에 참여했다.

 : 미리보기 :

PART 01 **쉽게 이해하는 코딩 스토리**

본격적으로 코딩 교육에 들어가기 전, 기초를 다지는 단계입니다. 인류의 역사를 살펴보면 시대에 따라 중요하다고 생각한 학문은 변해 왔습니다. 플라톤 시대에는 웅변과 수사학처럼 말을 하는 것이 가장 중요한 학문이었고, 중세 시대에는 종교와 관련한 학문이, 근대 이후에는 수학과 과학이 중요했습니다. 새로운 것을 배우는 가장 좋은 방법은 그 역사를 이해하는 것입니다.

먼저 코딩 교육이 시작된 역사적 흐름을 살펴보며 코딩을 배우기 위한 토대를 마련합니다. 1차 산업혁명부터 4차 산업혁명에 이르기까지 지금까지 발전되어 온 우리의 세상을 짚어 보며, 컴퓨팅 기술이 어디까지 발전했고 코딩 교육과 어떤 연관이 있는지 알아봅니다. 또한, 코딩이 무엇인지, 프로그래밍과는 어떻게 다른지 그 개념에 대해 살펴보고 과연 우리 아이가 코딩을 잘하면 어떻게 될지 함께 생각해 봅시다.

PART 02 **이미 시작된 코딩 교육**

코딩 교육은 프로그래밍을 직업으로 하는 사람들이나 다룰 만한 어려운 문법과 알고리즘을 외우고 이해해야 하는 그런 것이 아닙니다. 레고 블록처럼 창의적이고 자신의 무엇인가를 만들어낼 수 있는 사고 방식을 기르고, 실제로 성취의 기쁨을 느낄 수 있는 도구로 바라봐야 합니다. 아직은 생소할 수 있는 코딩 교육에 대해 이해해 보고 어떻게 접근해야 할지 생각해 보겠습니다.

일단, 우리나라의 교과과정에 코딩 교육이 어떻게, 어디까지 채택되어 있는지 알아보고, 급변하는 교육 정책의 흐름 한중간에 서 있을 우리 아이를 위해 부모가 어떻게 길을 찾아 줘야 할지 생각해 봅니다.

좋은 선례를 남겨 준 영국, 미국, 일본 등의 코딩 교육 정책과 국내에서 진행되는 코딩 교육, 그리고 연령대별 교육 방법을 통해 우리 아이에게 적합한 활동을 고민해 봅시다.

PART 03 **엔트리로 코딩 준비하기**

코딩에는 정답이 없습니다. 아이들은 자신만의 방법으로 문제를 해결하고 다양한 결과물을 보여 줍니다. 이제 막 초등학교 저학년을 벗어난 아이들이 생각지도 못한 방법으로 결과물을 만들어내거나 창의성이 돋보이는 작품을 만들어낼 때면 깜짝 놀랄 때가 많습니다. 엔트리는 아이들이 다양한 문제 해결력과 자신만의 스토리를 구성할 수 있는 능력을 갖추게 도와줄 가장 쉽고 강력한 도구 중 하나입니다.

앞서 코딩 교육에 대한 기초를 잘 다졌다면, 그 다음은 코딩 교육 도구 중 하나인 엔트리를 이용하여 코딩을 준비할 차례입니다. 엔트리로 프로젝트를 직접 만들어 보기 전에, 엔트리가 무엇인지, 메뉴가 어떻게 구성되어 있는지, 어떤 단계로 엔트리 코딩을 준비하면 되는지 먼저 확인해 보세요.

PART 04

엔트리로 코딩 시작하기

이제는 실제로 스토리를 상상하고, 설계하고, 엔트리로 구현해 보겠습니다. 어떤 것을 구현해 보면 좋을까요? 아이들이 좋아하는 게임의 형태가 되어도 좋고, 퀴즈를 만들어 봐도 좋습니다. 이 책을 읽고 있는 독자가 부모님이라면 실생활에서 발생하는 문제를 해결하는 프로그램을 아이와 함께 만들어 해결해 보는 것도 좋을 것 같습니다.

이번 파트에 진행할 스토리는, 부모들이 아이가 걷기 시작하면서부터 귀에 딱지가 앉도록 가르치는 '횡단보도를 건너는 방법'에 대한 것입니다. 마인드맵을 그리고 순차, 반복, 조건과 같은 기본적인 알고리즘을 구현해 보며 다양한 코딩 블록을 추가하거나 삭제해 봅니다. 모든 구현을 마치고 나면 구현한 내용을 실행하고 테스트하는 검토 과정을 거쳐 수정도 해 봅니다. 아이에게 코딩 교육을 하기 전 엄마가 먼저 따라 해 보거나, 아이와 함께 프로젝트를 구현해 보세요.

PART 05

엔트리로 코딩 익숙해지기

이번 파트에서는 PART4에서 진행했던 것보다 조금 더 난도가 높고 복잡한 부분을 다룹니다. 앞서 기본적인 순차와 반복, 조건에 대한 구현을 어느 정도 학습했기 때문에, 이번에는 좀 더 높은 수준의 학습이 필요한 부분인 신호와 변수의 사용, 사용자로부터 값을 직접 입력받는 부분 등을 학습해 보겠습니다.

PART 5에서 구현해 볼 스토리는 사용자가 의도하는 대로 그림을 그려 주는 '내 맘대로 그림판'입니다. 앞서 진행했던 것과 마찬가지로 배경과 등장물, 핵심 기능을 중심으로 마인드맵을 그리고 어떤 기능을 구현할지 설계해 보며, 각 오브젝트에 대한 알고리즘을 그려 봅니다. 설계의 표현 방식에는 정답이 없으므로 아이와 함께 자유롭게 표현해 보시기 바랍니다.

PART 06

엔트리로 코딩 연습하기

이제 아이가 친구와 또는 부모님과 함께 문제를 다양한 방법으로 풀어 보는 시간입니다. 계산기 만들기, 피아노 건반 만들기, 로봇 청소기 만들기 등 주어진 주제는 충분히 기본 동작을 엔트리로 구현할 수 있는 문제들로 검증해 제시했습니다.

앞서 얘기했듯 코딩에는 정답이 없습니다. 부모는 아이에게 정해진 가이드나 정답을 주려고 하지 마세요. 부족하더라도 이 부분을 아이 스스로 반복하여 더 좋은 결과물을 찾아낼수록 논리적 사고력이 향상됩니다. 직접 해결한 문제는 아래 사이트에서 다른 친구들과 공유하며 함께 토론해 볼 수 있습니다.

https://cafe.naver.com/parentcoding

✏️💬 : contents :

PART 1

: 쉽게 이해하는 코딩 스토리

엄마가 먼저 읽어 주세요

인류의 역사를 살펴보면 시대에 따라 중요하다고 생각한 학문은 변해 왔습니다. 플라톤 시대에는 웅변과 수사학처럼 말을 하는 것이 가장 중요한 학문이었고, 중세 시대에는 종교와 관련한 학문이, 근대 이후에는 수학과 과학이 중요했습니다. 새로운 것을 배우는 가장 좋은 방법은 그 역사를 이해하는 것입니다. 먼저 코딩 교육이 시작된 역사적 흐름을 살펴보겠습니다.

CHAPTER 1

: 코딩의 역사

불과 십수 년 전만 해도 일반인에겐 낯선 단어였던 소프트웨어와 코딩. 최근에는 언론을 통해 너무나 쉽게 접하는 단어가 되었습니다. 이제는 코딩 교육이 우리 아이들의 필수 교과과정으로 채택될 예정이니, 어느새 모른 척하기엔 우리 삶의 일부가 되어버렸다 해도 과언이 아닐 듯합니다. 이렇게 우리 삶 곳곳에 이미 깊숙이 자리 잡은 소프트웨어와 코딩을 어떻게 이해하면 좋을까요? 새로운 것을 배우는 가장 좋은 방법은 그것이 시작되고 발전되어 온 역사를 살펴보는 것입니다. 먼저 우리는 어떤 형태로 소프트웨어와 코딩이 현재 우리 삶에 자리 잡고 있는지 주변을 둘러보겠습니다.

소프트웨어와 코딩이 언제부터 우리 삶에 연계되기 시작한 걸까요? 불과 20년 전만 해도 전화기로 사진을 찍고 친구에게 전송할 수 있을 거라곤 생각도 못 했는데요. 쇼핑하는 방법부터 여가를 즐기는 방법, 영화나 식당을 예약하는 방법, 일상생활에서 휴대하는 기기의 종류 등 삶의 크고 작은 모습들이 매우 많이 변했습니다. 과거에는 무엇이든 직접 찾아가고 대면해서 해결할 수 있었던 문제들이 이제는 휴대전화 혹은 컴퓨터를 이용해 몇 번의 클릭만으로 해결하고 있지요. 예를 들어, 스마트폰으로 길거리에서 맛집을 검색하고, 영화를 예매하거나 쇼핑을 즐기고, 콜택시 비용을 결제하는 행동은 불과 10년 전만 해도 상상조차 할 수 없었습니다. 하지만 이제는 스마트폰이 없는 사람을 찾아보기 힘든 세상이 되었고, 심지어 집에서 은행 업무를 보거나 휴대폰이 종이처럼 접혀 주머니에 쏙 들어가기도 하는 세상이 되었습니다.

▶ 스마트폰에 설치되는 많은 수의 모바일 뱅킹 앱

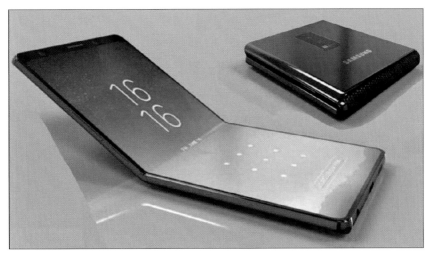

▶ 삼성 폴더블 스마트폰 (출처: https://steemkr.com/smartphone)

컴퓨팅 기술의 발달은 스마트 기기의 발달을 가져왔습니다. 그리고 스마트 기기를 사용하는 사용자 수를 기하급수적으로 늘려왔습니다. 1950년대에 수학적 계산이 가능한 어마어마한 크기의 업무용 컴퓨터의 개발을 시작으로 1975년엔 개인용 컴퓨터가 보급되기 시작했습니다. 그리고 2003년 AMD 64비트 CPU의 개발로 컴퓨팅 성능의 비약적 발전을 가져왔고, 드디어 2007년 애플의 아이폰이 등장하면서 2009년에는 태블릿과 스마트폰의 황금기를 맞이합니다. 그리고 2014년을 기준으로 약 100억 명의 사용자가 스마트폰과 자동차 등 전자 기기들을 연결해 사용하고 있습니다. 아마도 2020년에는 300억 이상의 인구가 집안 기기를 모두 연결해 사용하는 스마트 홈 세상을 맞이할 것이고, 2050년이 되면 1,000억 이상의 인구가 주변의 대부분의 사물을 연결할 것으로 보입니다. 단순히 스마트폰 하나를 사용하는 것이 아니라 우리 주변의 모든 사물을 연결하고 서로 통신을 주고받는 세상이 바로 4차 산업혁명 세상입니다.

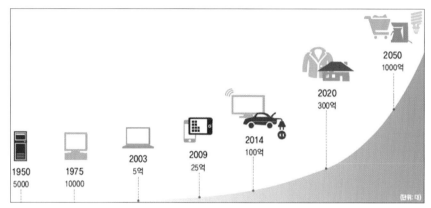

▶ 컴퓨터 기술의 발달로 인한 컴퓨팅 기기의 사용 증가 (출처: http://dbr.donga.com)

4차 산업혁명은 2016년 스위스 다보스포럼에서 핵심 의제로 등장한 것을 시작으로 전 세계 사회·경제적 변화 흐름을 아우르는 화두가 된 지 벌써 3년이 지났습니다. 사실 아직도 4차 산업혁명의 실체와 관련해 기술의 혁명이 맞다 혹은 정책의 혁명일 뿐이다 등등 여러 가지 주장이 난무합니다. 하지만 이 4차 산업혁명이 우리의 삶을 보다 더 편리하게 바꿔 줄 것은 확실합니다. 자, 우리가 소프트웨어와 코딩의 역사를 이해하기 위해서는 4차 산업혁명에 이르기까지 지금까지 발전되어 온 우리의 세상을 짚어 볼 필요가 있습니다.

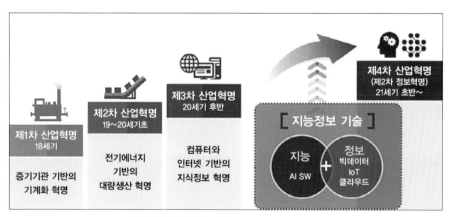

▶ 인류의 산업혁명 역사 (출처: http://www.ndsl.kr)

많은 이들이 4차 산업혁명을 단순 3차 산업혁명의 연장선으로 보기도 합니다. 하지만 4차 산업혁명은 기존 산업혁명과 차원이 다른 새로운 시작입니다. 단순히 기술적 혁명이 아니라 정책과 문화, 사회 전반에 걸친 혁명이 될 것입니다. 그렇기 때문에 그 뿌리에 양분이 될 우리 아이들을 위해 양질의 코딩 교육은 반드시 필요합니다. 소프트웨어와 코딩, 그리고 코딩 교육의 역사를 사회적 측면에서 이해하기 위해 다음 절에서 산업혁명의 흐름을 살펴보겠습니다.

▶ 1.1 1차 산업혁명(18세기)

1차 산업혁명은 최초의 산업혁명으로 유럽과 미국에서 18세기에서 19세기에 걸쳐 일어났습니다. 이 시기는 농경 사회에서 농촌 사회로의 전환이 산업과 도시로 바뀌는 시기로, 철강 산업이 증기 엔진의 개발과 함께 산업혁명에서 핵심적인 역할을 수행했습니다. 1830년 최초의 여객/화물 철로인 리버풀–맨체스터 간 철도가 개통되어 철도 시대의 개막을 알렸고, 증기기관을 활용해 영국의 섬유 산업이 성장하자 농촌의 노동자들이 도시의 공장 노동자로 취업하는 이촌향도 현상이 처음으로 발생하게 됩니다. 이때의 특징적인 IT 혁명은 전신기를 활용해 편지 대신 전신을 보낼 수 있게 된 것입니다. 또한, 기계의 발명으로 자동화가 시작되어 공장 생산 체제를 도입하게 된 것도 특징입니다.

▶ 1.2 2차 산업혁명(20세기 초)

2차 산업혁명은 1차 세계대전 직전인 1870년에서 1914년 사이에 일어났습니다. 이 시기의 가장 특징적인 혁명은 우리가 너무나 잘 알고 있는 '에디슨'이 발명한 백열전구를 활용해 최초의 상업적인 전구가 확산되기 시작한 것입니다. 이로 인해 철강, 석유 및 전기 분야와 같은 신규 산업의 확장과 대량생산을 위해 전력을 사용할 수 있게 되면서 기존 산업의 최대 성장기를 맞이하게 됩니다. 또한 석유왕 록펠러, 철강왕 카네기, 헨리포드 등이 모두 2차 산업혁명의 영웅으로, 이 기간의 주요 기술 진보는 모터, 전화, 전구, 축음기 및 내연 기관을 포함합니다. 이 시기에는 전기 에너지를 활용하였고, 컨베이어 벨트를 활용해 작업 표준화 및 분업을 결정해 대량생산 체제를 시작하게 되었습니다.

1.3 3차 산업혁명(1970년대 초)

3차 산업혁명 또는 디지털 혁명은 아날로그 전자 및 기계 장치에서 현재 이용 가능한 디지털 기술에 이르는 기술의 발전을 가리킵니다. 1970년대에 시작된 이 시대는 현재까지도 계속되고 있습니다. 3차 산업혁명의 발전에는 개인용 컴퓨터, 인터넷 및 정보 통신 기술이 포함되며 사람과 환경, 기계 간 연결성을 강화했다는 점에서 역사적으로 높이 평가됩니다. 공작기계, 산업용 로봇을 이용해 공장 자동화가 가능해져 생산성에 혁명을 일으키게 되었고, 전자장치와 정보 통신 기술의 발전으로 정보 처리 능력이 급진적으로 발전하게 되었습니다. 이 시기의 가장 큰 특징은 바로 '인터넷'입니다. 인터넷이 활성화되면서 소비자들이 온라인으로 물건을 거래하게 되었고, 그로 인해 크고 작은 기존 소비 시장의 변화가 생기게 됩니다. 직접 가게를 방문해 물건을 구입하던 방식에서 이제는 온라인을 통해 결제부터 배송까지 할 수 있게 되었고, 지구 반대쪽 나라에서 생긴 일도 인터넷을 통해 내 집에서 알 수 있게 되었습니다.

1.4 4차 산업혁명(2020년 이후)

4차 산업혁명은 새로운 방식을 대표하는 디지털 혁명 위에 구축되고 있습니다. 인류는 1차 산업혁명에서 증기기관을, 2차 산업혁명에서 전기를, 20세기 3차 산업혁명에서 인터넷이라는 기술 혁신으로 3차례의 혁명적 변화를 경험하였습니다. 4차 산업혁명은 정보 통신 기술을 바탕으로 한 3차 산업 역사로 보는 산업혁명의 연장선에 있지만 기존 산업혁명과는 획연히 구분됩니다. 1~3차 산업혁명이 인간의 손과 발을 기계가 대체하여 자동화를 이루고 연결성을 강화했다면 4차 산업혁명은 인공지능을 통해 인간의 두뇌를 대체하는 정도의 혁명입니다.

4차 산업혁명은 로봇공학, 인공지능, 나노 기술, 양자 컴퓨팅, 생명공학, 사물인터넷, 3D 인쇄 및 자율 차량을 비롯한 여러 분야에서 새로운 기술 혁신으로 나타납니다. 즉, 인공지능에 의해 자동화 및 연결성이 극대화되고, 기존 공장 자동화에 투입되었던 기계와 달리 로봇이 직접 능동적으로 판단해 작업을 수행하게 됩니다. 기존 3차 산업혁명까지의 결과물이 소품종 대량생산의 혁명을 이끌어 왔다면, 4차 혁명은 다품종 소량생산을 가능하게 합니다.

이해를 돕기 위해 언급하자면, 2016년 3월 우리나라를 뜨겁게 달궜던 4차 산업혁명과 관련한 사건이 있습니다. 바로 구글 딥마인드사의 인공지능 컴퓨터 알파고(AlphaGo)와 국내 이세돌 9단의 바둑 대결입니다. 알파고는 3천만 건의 기보를 자가학습(Machine-leaning)하고 1,200대의 컴퓨터를 인터넷으로 실시간 연결해 바둑 게임을 진행했습니다. 상대방인 이세돌 프로는 당시 "알파고가 창의적인 수를 많이 둔다는 점에서 굉장히 놀랐고, 직관과 통찰력이 아닌 계산만으로 바둑을 둘 수 있다는 데 충격을 받았다"고 언급했습니다. 승부는 놀랍게도 이세돌 9단이 4:1로 패했고, 전 세계적으로 인공지능과 자가학습 기술의 발전과 가능성을 인지시켰다는 상징적인 성과가 매우 컸다고 할 수 있습니다.

▶ 알파고와 이세돌의 대결 화면 (출처: http://www.topdaily.kr)

4차 산업혁명은 스위스 다보스에서 열린 세계 경제 포럼(WEF, World Economic Forum Annual Meeting 2016)에서 처음으로 언급되었습니다. 그리고 매년 소비자 가전 전시회(CES, Consumer Electronics Show)에서 4차 산업혁명으로 가기 위한 기술들이 대거 전시되고 있습니다. 소비자 가전 전시회는 해마다 1월이 되면 네바다 라스베이거스에서 열립니다. 일반인에게는 공개가 되지 않아 입장권을 구입해야 하며 미국의 소비자 기술 협회(CTA, Consumer Technology Association)로부터 지원을 받아 개최됩니다. 새로운 기술 트렌드를 파악하기 위해 꼭 검토해야 할 전시로, 애플, 구글, 삼성전자 등 수많은 기업들이 매년 새로운 제품들을 전시하고 있습니다.

CES 2019를 앞두고 미국 소비자 기술 협회(CTA)는 향후 4차 산업혁명을 이끌 주목할 만한 5가지 기술 트렌드로 ①인공지능(AI) ②스마트 홈 ③디지털 헬스 케어 ④e스포츠 ⑤복원력

(Resilience)을 갖춘 스마트시티를 꼽았습니다. 이러한 기술 트렌드는 각자의 분야에서도 괄목할 성장을 보이지만 더 나아가 복수의 기술이 서로 접목돼 더욱 다양한 산업 분야에서 새롭게 활용될 가능성이 큽니다. 예를 들어 인공지능과 스마트 홈 기술이 접목되면 시니어 케어와 실버산업에서 큰 성과를 낼 수 있습니다. 베이비붐 세대의 노화로 미국의 노령 인구가 지속해서 증가하고 있기 때문에, 고령 소비자를 대상으로 한 보안과 응급 상황 대처, 쇼핑 등 생활 보조 서비스 분야 등에서 기술 활용이 기대되고 있기 때문입니다. 예를 들어, 삼성전자에서 전시한 '삼성봇 케어'는 실버 세대를 겨냥한 인공지능 헬스 케어 로봇으로 혈압이나 심박 수, 수면 상태 등 사용자의 건강 상태를 측정하고 복약 관리나 건강 정보 공유 등의 기능도 함께 지원합니다.

▶ 건강을 관리해 주는 로봇 (출처: https://www.cnet.co.kr)

1.5 컴퓨팅 기술의 발전과 코딩 교육

여기서 잠시 컴퓨팅 기술이 어떻게 발전하고 변화해 왔는지 그 역사에 대해 살펴보아야 할 것 같습니다. 코딩 교육과의 연결점을 찾기 위해서는 반드시 필요한 과정입니다.

컴퓨터와 인터넷의 첫 시작은 1980년대 3차 산업혁명 때입니다. 이 시기 사람들은 컴퓨터와 인터넷을 사용해 원하는 정보를 자유롭게 얻고 무한대로 확장해 생산성을 높이는 것이 가능해졌지요. 그리고 그로부터 약 30년이 지난 2007년, 최초의 스마트폰인 애플의 아이폰이 등장했습니다. 이후 삼성전자의 갤럭시 등 스마트폰의 비약적인 발전으로 휴대폰은 컴퓨터와 거의 유사한 기능과 용도로 활용되기 시작했습니다.

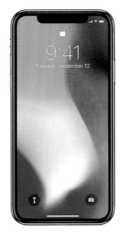

▶ 아이폰과 갤럭시 스마트폰

스마트폰이 등장한 후 10년이 지난 2010년대에는 컴퓨팅 기술(IT)에 소통과 통신을 의미하는 C(Communication)가 결합한 ICT 시대가 시작됩니다. 인공지능과 머신러닝, 사물인터넷, 로봇, 자율 주행, 가상현실, 무인 자동차 등 인간의 능력과 대등하거나 일부 인간의 능력을 초월하기까지 하는 수준으로 발전되었지요. 이제는 상품이 팔리는 시대가 아니라 서비스가 팔리는 시대가 되었습니다. 따라서 기존처럼 공장에서 직접 물건을 생산하는 산업이 주목을 받는 것이 아니라 서비스를 기획, 구현해 새로운 부가가치를 만들어 일반인들에게 편익을 제공하는 산업이 주목받고 있습니다.

이와 같이 사물인터넷, 인공지능, 가상현실, 자율 주행 무인 자동차, 로봇으로 표상되는

4차 산업혁명의 시대에 코딩은 모두에게 적용되는 상식이 되어 버렸습니다. 따라서 4차 산업혁명에서 우리의 일상은 사물과 대화를 해야만 하고 그 대화를 위해 코딩의 기본 원리를 누구나 배워야 합니다. 특히 미래 사회를 책임질 우리 아이들이야말로 이러한 큰 변화의 중심에 있습니다. 이것이 바로 코딩 교육이 탄생하게 된 배경이자 근본적인 이유입니다.

CHAPTER 2

: 쉽게 이해하는 코딩의 개념

앞서 설명한 대로 우리가 누리는 인터넷을 활용한 편리한 서비스 대부분이 하드웨어와 소프트웨어, 그리고 코딩에 의해 가능합니다. 간단히 이것들의 사전적 정의부터 살펴볼까요?

❶ **하드웨어란?** 소프트웨어 프로그램이 동작하는 물리적 장치로, 사람과 접촉해 직접 입력을 받거나 결과를 보여 주는 등의 행위를 담당(ex. 전화기, 카메라, 프린터 등)하는 장치

❷ **소프트웨어란?** 사물(하드웨어)을 운영하거나 활용하도록 하는 데 필요한 프로그램

❸ **코딩이란?** 소프트웨어로 동작하는 프로그램을 만들기 위해 명령문을 작성하는 일

소프트웨어는 혼자서는 동작할 수 없고 명령을 전달하는 매개체인 하드웨어에 탑재되어 동작합니다. 기존의 하드웨어를 좀 더 똑똑하게 만들어 줄 수 있는 것이 소프트웨어라고 생각하면 될 것 같습니다. 그리고 이렇게 소프트웨어 프로그램을 작성하는 과정 자체를 코딩이라고 합니다. 예를 들어, 전화기로 사진을 찍고 친구에게 전송하는 것을 우리는 하드웨어와 소프트웨어, 코딩으로 어떻게 설명할 수 있을까요? 이 경우 카메라 렌즈가 부착된 전화기가 하드웨어가 됩니다. 그리고 전화기에 부착된 카메라로 사진을 찍는 기능, 친구에게 전송하는 기능을 프로그램으로 만드는 코딩 과정을 거치면 소프트웨어가 만들어집니다. 이렇게 전화기 하드웨어와 소프트웨어 프로그램이 함께 동작하면 '전화기로 사진을 찍고 친구에게 전송하는' 서비스가 완성됩니다.

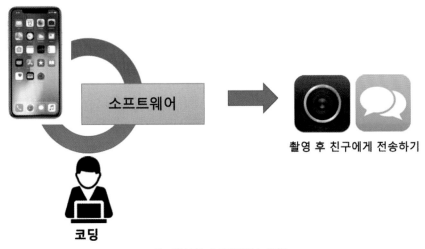

촬영 후 친구에게 전송하기

▶ 하드웨어와 소프트웨어, 코딩

2.1 코딩과 프로그래밍, 소프트웨어 개발

이 책의 뒷부분을 읽기에 앞서 꼭 알아야 하는 것이 있습니다. 이 책에서 사용하는 '코딩'이라는 용어는 사실 전통적인 의미의 '프로그래밍'에 가깝습니다. 프로그래밍과 코딩, 그리고 소프트웨어 개발까지 여기저기에서 혼용되어 사용되기에 비슷한 용어로 생각할 수 있지만, 실제로 현업에서 사용되는 의미는 조금씩 다릅니다.

먼저 코딩이란, 프로그램을 만들기 위해 컴퓨터 언어의 명령문을 작성하는 행위 자체를 일컫습니다. '코드'라는 단어의 사전적 의미는 '기호', '암호'와 같은 문자를 의미합니다. 그리고 프로그래밍이란 단어를 해석해 보면 단순히 '프로그램을 작성하는 행위'로 코딩과 동일한 뜻이라 생각할 수 있지만, 사실은 어떤 프로그램을 만들지를 먼저 생각하고, 생각한 바를 공학적으로 계산해 효율적으로 코드를 작성하는 행위입니다. 즉, 코딩이 계산기처럼 단순히 어떤 결과를 얻기 위해 코드를 작성한 것이라면 프로그래밍은 어떤 것을 만들지를 기획하고, 좀 더 효율적으로 코드를 작성하기 위해 고민하고, 에러를 수정하는 과정 등을 모두 포함하는 것입니다. 예전에는 중요한 프로그램에 대한 기획과 개발은 프로그래머가 맡고, 복잡한 연산은 필요 없지만 반복되거나 시간이 오래 걸리는 일은 '코더(Coder)'에게 맡기라는 말이 있을 정도로 코딩과 프로그래밍을 구분해서 사용하는 편이었으나, 최근에는 거의 비슷한 의미로 사용되고 있습니다.

▶ 가장 단순한 형태의 코딩 - 계산기

그렇다면 소프트웨어 개발은 무엇을 의미할까요? 사실 소프트웨어 개발에는 코딩이나 프로그래밍보다 좀 더 많은 요소가 결합되어 있습니다. 훌륭한 서비스는 단순히 좋은 프로그래머가 많다고 만들어지는 것이 아닙니다. 먼저 서비스의 시장성과 수익성을 창출해 줄 기획자가 있어야 하고 멋진 디자인을 만들어 줄 디자이너, 보다 나은 사용자 경험을 이끌어 줄 UX 인력, 완성도 높은 서비스 품질을 위한 테스트 담당자 등 여러 분야의 전문가가 있어야 훌륭한 소프트웨어 하나가 만들어집니다.

물론 1인 개발자 혼자서도 소프트웨어를 만들 수 있습니다. 하지만 '소프트웨어 개발'이 표현하는 단어의 뜻은 코딩이나 프로그래밍 스킬보다는 개발자 간의 커뮤니케이션, 다른 팀과의 협업, 프로젝트 관리, 스케줄 관리 등 좀 더 개발 과정과 연관된 요소를 중요하게 여겨 일의 범위에 포함하는 것입니다. 다음 이미지는 소프트웨어 개발 방법론 중 하나인 애자일(Agile) 방법론입니다. 크게 5단계로 구분되어 빠르게 결과물을 반복해서 만들어내도록 가르치는 것인데, 단계별로 개발자 혹은 기획자, 디자이너, 테스터 등이 유기적으로 소통하고 결과물을 함께 만들어냅니다. 이처럼 소프트웨어 개발을 위한 방법론만을 위한 연구 분야도 존재할 정도이니, 얼마나 중요한지 알겠지요?

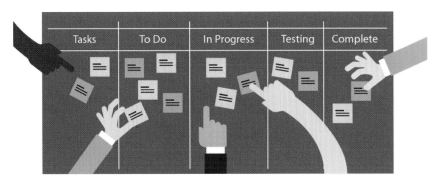

▶ 애자일 방법론(Agile Methodology) (출처: http://agilx.com)

지금까지 어렵게 설명했습니다만, 일반적으로 거의 같은 의미로 사용해도 무방하긴 하나, 분류하기 좋아하는 사람들도 존재하기 때문에 각 단어의 의미를 알아 둬야 할 필요도 있어 보입니다.

현재 전 세계적으로 일컫는 '코딩 교육'은 사실상 프로그래밍과 소프트웨어 개발의 중간쯤에 해당하는 개념으로 생각하면 될 것 같습니다. 개인의 사고력 증진과 향상부터 나아가 프로젝트를 통해 주변 동료와 협업하고 소통하는 방식을 가르치기 위한 교육이기 때문입니다.

CHAPTER 3

: 코딩을 잘하면 어떻게 될까?

이제 조금 더 현실적으로 생각해 보겠습니다. 이렇게 코딩 교육의 열풍이 시작되었는데, 만약 코딩 교육을 미리부터 준비해 준비된 아이로 교육시킨다면 우리 아이는 장래에 어떤 직업을 갖게 될까요?

▶ 프로그래밍중인 프로그래머

제일 먼저 머릿속에 떠오르는 직업은 바로 소프트웨어 개발자, 프로그래머일 것입니다. 네, 프로그래머라는 직업 자체는 나쁘지 않습니다. 아니, 오히려 전 세계적으로 각광받는 직업 중 하나입니다. 국내에서는 잦은 야근과 전문직 대비 적은 연봉으로 힘든 직업으로 꼽힌 적도 있지만, 최근에는 삼성, LG 등 대기업을 주축으로 유연근무제(자유롭게 출퇴근하되 주 40시간 근로하기만 하면 됨)를 도입하는 등 업무 환경이나 근로 조건 자체가 세계적 기업인 구글(Google) 등의 영향을 받아 매우 긍정적으로 변화하고 있는 것이 사실입니다. 또한, 작은 아이디어 하나로 스타트업(Start-up) 회사를 내고 적극적으로 투자를 유치해 사업을 추진하는 젊은 사장님도 많아지고 있습니다. 무엇보다 정부에서 창업의 시드머니(Seed-money)를 적극적으로 투자해 주기도 하고, 해외시장으로 나아가는 방법도 기존보다 훨씬 더 많은 가능성이 열리고 있습니다. 따라서 프로그래머라는 직업 자체가 앞으로 더욱더 대우가 좋아지리라는 것에는 의심이 없습니다.

하지만 오해하지는 말길 바랍니다. 필자는 코딩 교육을 하는 것이 단순히 장래에 아이를 프로그래머 혹은 소프트웨어 개발자로 키우기 위한 것은 아니라는 점을 분명히 해 두고 싶습니다. 코딩 교육의 목적은 모바일 앱이나 프로그램을 척척 만들어내는 우수 프로그래머를 키우는 것이 아닙니다. 좋은 소프트웨어를 만들기 위해서는 코딩 기술 그 자체도 중요하지만, 프로그램이 가장 간단하고 효율적으로 작업을 수행하도록 하는 사고력이 더 중요합니다. 이를 '컴퓨팅 사고'라 합니다.

컴퓨팅 사고 능력을 키우는 코딩 교육을 통해 문제를 더 정확하게 이해해야 내가 하고 싶은 일을 컴퓨터와 인공지능에게 보다 효과적으로 시킬 수 있습니다. 인공지능은 앞으로 점점 더 많은 분야에서 인간보다 훨씬 뛰어난 성과를 보일 것이기 때문에, 아무나 할 수 있는 일이 아닌 사람이 해야 하는, 보다 창의적인 일을 준비하는 것이 중요합니다. 즉, 소프트웨어 교육의 목적은 인공지능과 경쟁하는 인간이 아니라 인공지능을 활용하는 사람을 키우는 것입니다.

순위	대체 비율 높은 직업	대체 비율	대체 비율 낮은 직업	대체 비율
1	청소원	1.000	회계사	0.221
2	주방보조원	1.000	항공기조종사	0.239
3	매표원 및 복권판매원	0.963	투자 및 신용 분석가	0.253
4	낙농업 관련 종사원	0.945	자산운용가	0.287
5	주차 관리원 및 안내원	0.944	변호사	0.295
6	건설 및 광업 단순 종사원	0.943	증권 및 외환 딜러	0.302
7	금속가공기계조작원	0.943	변리사	0.302
8	청원경찰	0.928	컴퓨터하드웨어 기술자 및 연구원	0.323
9	경량철골공	0.920	기업고위임원	0.324
10	주유원	0.908	컴퓨터시스템 및 네트워크보안 전문가	0.338
11	펄프 및 종이 생산직(기계조작)	0.905	보건위생 및 환경 검사원	0.345
12	세탁원 및 다림질원	0.902	기계시험원	0.349
13	화학물 가공 및 생산직(기계조작)	0.902	보험 및 금융 상품개발자	0.354
14	곡식작물재배원	0.900	식품공학 기술자 및 연구원	0.367
15	건축도장공	0.899	대학교수	0.370
16	양식원	0.898	농림어업시험원	0.371
17	콘크리트공	0.897	전기·가스 및 수도 관련 관리자	0.375
18	패스트푸드원	0.890	큐레이터 및 문화재보존원	0.379
19	음식 배달원	0.888	세무사	0.379
20	가사도우미	0.887	조사 전문가	0.381

▶ 2025년 사라질 직업과 생존할 직업 (출처: 한국고용정보원/2016년 인공지능. 로봇전문가 설문)

위 표는 한국고용정보원에서 지난 2016년 6~9월 인공지능·로봇 전문가 21명을 설문 조사해 얻은 결과입니다. 청소원이나 주방 보조원 같은 단순 노무직이나 농림·어업 종사자 역할은 2025년이면 인공지능 로봇이 대체할 것으로 내다보아, 무조건 대체될 직업은 청소부·주방 보조원(100%)이 뽑혔고, 이어 매표원(96.3%), 낙농업 관련 종사자(94.5%), 주차 관리원 및 안내원(94.4%), 건설 및 광업 단순 종사원(94.3%), 청원경찰(92.8%) 순이었습니다. 패스트푸드 등 음식 배달원, 주유원 같은 서비스직도 사라질 가능성이 매우 높은 것으로 조사되었습니다.

반면, 인공지능이 아무리 발전해도 대체하기 어려운 직업 20개는 무엇일까요? 1위는 회계사(22.1%)가 뽑혔습니다. 사실 지난 1월 유엔이 발표한 '유엔 미래보고서 2045'에서는 세무사, 회계사, 재무설계사가 없어질 것으로 예상했습니다. 그러나 고용정보원의 조사에서는 사라질 가능성이 가장 낮은 직업으로 뽑힌 이유는 무엇일까요? 이 결과에 대해 한국고용정보원 연구원은 "단순 회계 업무는 인공지능 로봇이 처리할 수 있지만, 상황에 맞게 복잡한 재무적 결정을 내려야 하는 회계사 본연의 업무를 인공지능이 대체하기 어렵다"고 그 이유를 말했습니다. 또한 투자 및 신용 분석가(25.3%), 자산운용가(28.7%), 변호사(29.5%) 및 보험 전문가 등 금융 상품 개발자, 세무사, 전기·가스 관리자 같은 직업도 대체가 어려운 것으로 파악되었습니다.

우리 아이가 미래에 어떤 일을 하게 될지 아직은 모르지만, 하나 분명한 것은 '사람이 아닌 로봇이라도 할 수 있는 일'이 아닌 '꼭 사람의 두뇌가 필요한 일'을 할 수 있도록 준비시켜야 한다는 것입니다. 코딩 교육이 아이 모두를 컴퓨터 공학자나 프로그래머로 키우자는 뜻이 아니고, 어려서부터 코딩을 통해 문제를 해결하는 경험을 해 봄으로써 4차 산업혁명 시대를 살아가는 데 꼭 필요한 역량인 컴퓨팅 사고력, 논리력, 창의성 등을 키워 줘야 한다는 것입니다.

사실 지금 초등학생이 대학을 졸업하는 10여 년 후, 어떤 세상이 그들을 기다리고 있을지 가늠하기 어려울 지경입니다. 10여 년 전 애플의 아이폰이 등장하기 전에 스마트폰이 우리 일상에 필수품으로 자리 잡게 될 줄 전혀 몰랐던 것처럼 말이지요. 초등학생에게 코딩 교육이 필요한가에 대한 회의적 시선과 코딩 사교육 시장의 과열을 우려하는 의견을 마주할 때마다 이렇게 답하곤 합니다. 당연히 우리 아이들을 위한 코딩 교육은 단순히 코딩 언어나 코딩 스킬을 따라 하기식으로 가르치는 데 중점을 둬서는 안 됩니다. 숙련된 코딩 기술자를 길러내는 것이 아니라 시장의 선도자로서 세상에 없던 것을 만들어낼 창조 혁신가가 될 수 있는 역량 교육을 하는 것이 교육의 목적이어야 한다는 것이지요. 그러기 위해 아이들 개인 취향과 성향을 존중해 자신만의 프로젝트를 설계하고 완성하는 과정에서 시행착오를 거치더라도, 스스로 생각하고 해결할 수 있는 교육을 해야 합니다. 그리고 이러한 교육을 통해 4차 산업혁명 시대의 세상을 뒤흔들 경쟁력을 갖춘 인재들이 탄생하게 될 것입니다.

PART 2

: 이미 시작된 코딩 교육

엄마가 먼저 읽어 주세요

코딩 교육은 프로그래밍을 직업으로 하는 사람들이나 다룰 만한 어려운 문법과 알고리즘을 외우고 이해해야 하는 그런 것이 아닙니다. 레고 블록처럼 창의적이고 자신의 무엇인가를 만들어낼 수 있는 사고방식을 기르고, 실제로 성취의 기쁨을 느낄 수 있는 도구로 바라봐야 합니다. 아직은 생소할 수 있는 코딩 교육에 대해 이해해 보고 어떻게 접근해야 할지 생각해 보겠습니다.

CHAPTER 1

: 이제부터가 진짜 시작

자, 이제 겨우 우리는 PART 1에서 코딩이 어떤 녀석인지 배웠습니다. 아직 마음 놓고 휴식하기에는 이릅니다. 사실은요, 벌써 전 세계적으로 코딩 열풍이 본격적으로 시작되었거든요. 헉, 이제 겨우 코딩이 뭔지에 대해 알게 되었다고요? 아니요, 정말 지금부터가 시작입니다.

2015년 정부가 4차 산업혁명 시대에 꼭 필요한 교육이라며 내놓은 계획에 따라 2018년부터 초등학교, 중·고등학교 교과과정에 코딩 교육이 단계적으로 채택되었습니다. 사실 2018년에는 벌써 중·고등학교 교과과정에 정식으로 채택되었고요, 2019년에는 초등학교 5~6학년 교육에 정식으로 채택됩니다. 정말 헉~ 소리 나게 착착 진행되고 있지요?

초등학교	– 과목: 실과 과목에 포함('19년부터) – 시간: 5~6학년에 총 17시간 – 담당교사: 각 학급 담임교사 – 내용: 소프트웨어 기초 지식을 컴퓨터나 태블릿 PC 없이 교재를 통해서만 학습
중학교	– 과목: 정보 과목에 포함('18년부터) – 시간: 1~3학년에 총 34시간 – 담당교사: 정보, 컴퓨터교사 – 내용: 컴퓨터나 태블릿 PC를 활용해 소프트웨어 프로그램 체계와 컴퓨터 언어에 대해 학습
고등학교	– 과목: 정보 과목에 포함('18년부터) – 시간: 선택교과라서 필수시간 없음 – 담당교사: 각 학급 담임교사 – 내용: 학교별로 프로그램 제작 등 응용, 심화 학습 기능

▶ 학교 교과과정에 채택되는 코딩 교육

이렇게 정부의 정책에 맞춰 초중고 코딩 교육을 본격 시행하지만, 사실 학생들을 가르칠 전문성을 갖춘 교사 수가 절대적으로 부족하다는 것이 문제입니다. 2019년 6월 기준 교육부에 따르면 실제로 예산을 투입해 정식으로 수업이 시작된 학교는 중학교 기준 전국 40% 수준에 그친 것으로 나타났습니다. 따라서 중학교에서도 실제로 코딩 교육 의무화가 제대로 이뤄지려면 몇 년의 시간이 더 걸릴 수 있을 것 같습니다. 게다가 코딩 교육에 맞는 평가의 틀도 제대로 마련돼 있지 않아 창의력과 문제 해결력을 위해 시행하는 코딩 교육이 자칫 암기 위주로 흘러

갈 수 있다는 우려도 큽니다. 이는 초등학교 5~6학년 학생들을 대상으로 코딩 교육을 실시하는 상황에서 더 심각합니다. 초등학교 교사들로선 고작 30시간에 불과한 교사 연수를 받은 뒤 학생들에게 코딩을 가르쳐야 하는 상황이기 때문입니다.

그렇다면 이렇게 아직 정부나 교육부에서 제대로 된 준비를 갖추고 있지 못한 상황에서 우리 아이는 계속 커 가고 있다면요? '준비할 시간이 아직은 있구나'하고 마냥 안심만 하고 있을 수는 없겠지요. 급변하는 교육정책에서 제일 큰 희생양은 우리 아이들이지 않나요? 일단 현재까지의 모습을 보면, 정부나 교육부에서 아직 어떻게 시작을 해야 할지 갈피를 못 잡는 것처럼 보이기도 해서 우리 부모들은 불안하기만 합니다. 덕분에 학원가에서는 유행처럼 다양한 코딩 학원이 우후죽순으로 생기고 있고요. 초·중·고등학생을 둔 우리 학부모는 어떻게 길을 찾아가야 할지 막막합니다.

이럴 때일수록 부모님들이 똑똑해져야 합니다. 미래를 내다보고, 내 아이를 위해 정확한 길을 찾아 줘야 합니다. 정부에서 시작하는 교육부 산하의 코딩 교육이 자리 잡기엔 워낙 규모도 크고 정책상 결정되어야 할 문제가 많기 때문에, 생각보다 시간이 걸리고 도중에 시행착오가 있을 수 있습니다. 따라서 코딩 교육이 자리 잡기에는 꽤나 시간이 걸릴 수 있습니다. 하지만 그 격변의 흐름 한중간에 서 있을 내 아이 단 한 명의 미래는 누가 책임질 수 있을까요? 당장 커 가는 내 아이가 코딩 교육의 시행착오만 겪다가 어른이 되기를 바라시나요? 다행스럽게도 이 책을 읽는 부모님이라면 그렇지 않을 것입니다.

자, 이제 우리 아이를 위해 우리 부모들부터 제대로 생각해 볼 차례입니다. 코딩 교육은 본질만 꿰뚫는다면 전혀 어렵지 않습니다. 부모가 코딩 교육의 본질과 실체를 안 상태에서 학교나 학원 교육을 접하는 것과, 전혀 관심 없는 상태에서 외부의 흐름에 맡기기만 하는 것의 차이는 하늘과 땅 차이입니다. 특히 이런 격변의 시기에는요. 외부 학원만 찾아보다가는 비용은 비용대로 붓고 우리 아이에게 혼란만 가중하는 결과가 나옵니다.

먼저 해외에서 성공한 IT 사업가들이 어릴 적 프로그램을 처음 접한 이야기를 한번 보시지요. 이들의 공통점은? 좋은 컴퓨터 학원에 다녀서도, 제대로 된 정규 학교 교육을 밟아서도 아닙니다.

▶ 마이크로소프트 창립자 빌 게이츠

“

내가 처음 프로그래밍을 접한 나이는
13세였습니다. 처음 만든 프로그램은
Tic-tac-toe(틱택토 OX 게임)이고요.

”

▶ 페이스북 창립자 마크 저커버그

“

초등학교 6학년 때 처음 컴퓨터를
접했습니다. 간단하게 저나 저의
형제·자매들이 좋아할 뭔가를 만들어 보고
싶었습니다.

”

▶ 트위터 창립자 잭 도시

“

제 부모님은 1984년 제가 8살이던 해에
처음으로 컴퓨터를 사 주셨습니다.

”

▶ 드롭박스 창립자 드류 휴스턴

“

처음은 꽤 소박한 시작이었습니다. 무슨
색이 제일 좋아? 나이가 몇 살이니? 와 같은
프로그램이었지요.

”

　코딩 교육에 관심이 있지 않아도 한 번쯤은 들어본 회사 이름이 있을 겁니다. 이들은 꽤 유
명한, 그리고 성공한 IT 사업가들이지요. 자, 이들의 공통점을 찾으셨나요? 바로 어릴 때부터
취미로 컴퓨터 프로그램을 접했고, 프로그래밍을 통해 좋아하는 뭔가를 만들어 보는 데에서
성취감을 느꼈다는 점을 먼저 주목해 보세요. 즉, '코딩'에 재미를 느꼈고 이를 장난감처럼 가지

고 놀면서 많은 시간을 함께 보냈다는 점이 이들의 성장 과정에 많은 영향을 미쳤다는 것이지요. 성급한 일반화 혹은 끼워 맞추기 아니냐고 비난하지 말아 주세요. 이는 필자를 포함해 많은 전문가들이 공감하는 내용입니다. 그들이 그렇게 훌륭하게 성장할 수 있었던 배경은 '코딩' 교육의 목적과 일맥상통하는 부분이 없지 않습니다.

'코딩'은 단순히 게임이나 프로그램을 만들어 주는 도구가 아닙니다. '생각하는 능력'을 길러 주는 도구입니다. 어린아이들의 특징은, 좋아하는 뭔가를 위해서라면 다른 걸 다 잊고 몰두한다는 데 있습니다. 따라서 어릴 때부터 이런 코딩을 접하게 하는 것은, 아이가 좋아하는 무언가를 만들어내기 위해 고민하고, 생각하고, 열중하는 습관을 자연스럽게 길러 주는 결과를 가져오게 됩니다.

따라서 학교와 학원의 역할은, 단순히 게임을 만들어 보라고 지시하고 결과를 채점해 성적을 매기는 것이 아니라, 아이가 직접 '코딩'에 관심을 갖고 주체적으로 시작할 수 있도록 도와주는 것이어야 합니다. 그리고 우리 부모들은 이 방향을 미리 알고, 혹시라도 잘못된 방향으로 아이를 지도해 아이가 혼란스러워하지 않도록 도와주어야 합니다.

결과적으로 모든 과정은 즐거워야 합니다. 아이가 코딩을 통해 즐겁게 무언가를 만들어내는 데 재미를 붙일 수 있도록 도와주어야 합니다. 놀이처럼 접하고 몰두하다 보면 어느샌가 우리 아이의 논리적인 사고력, 생각하는 능력, 오류를 찾아내고 결과를 기다리는 인내심이 향상될 수 있습니다.

CHAPTER 2

: 영국의 초등학생들이 무섭다

우리에게는 감사하게도 항상 좋은 선례를 남겨 주는 이웃 국가들이 있습니다. 교육열로는 한국도 전 세계에서 절대 뒤지지 않지만, 모든 것을 먼저 시작해서 시행착오를 앞서 겪을 필요는 없으니까요. 사실 '코딩 교육'하면 제일 먼저 떠오르는 나라가 바로 영국입니다. 영국은 무려 2014년에 G20❶ 국가 중 처음으로 컴퓨팅 과목을 초등학교와 중학교, 만 5~16세 전 학년에 필수과목으로 지정해 수업을 시작했습니다. 사실 영국의 경우 2000년부터 정보 통신 기술(ICT, Information & Communication Technology) 과목을 필수과목으로 가르쳐 온 바 있으나, 아예 코딩 교육을 주력으로 내세우면서 교과과정을 편성한 것은 2014년이 처음입니다. 그리고 이 결정이 그간 코딩 교육에 대한 인식만 있고 실천에 옮기지는 못했던 많은 이웃 국가 그리고 결국 우리나라에까지 일파만파 영향을 미치게 됩니다.

그렇다면 영국이 현재의 '코딩 교육'을 준비하기 위해 밟은 시행착오를 간단히 살펴볼까요? 타산지석이라고, 그들이 행해 왔던 여러 길 중에 우리는 최선의 길을 선택해서 걸어가면 됩니다. 처음부터 성공하는 길은 세상에 없는 법이니까요.

---

❶ G20(Group of 20): 주요 20개국이라고도 불리며 세계 경제를 이끌던 G7과 유럽 연합(EU) 의장국에 12개의 신흥국, 주요 경제국을 더한 20개 국가의 모임을 나타내는 말이다.

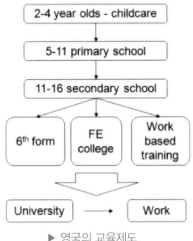

▶ 영국의 교육제도

영국은 위의 그림과 같이 초·중등 교육과정을 단계별로 운영합니다. 초등학교인 Primary School의 취학 연령은 만 5세부터 11세까지입니다. 그리고 중·고등학교 구분 없이 16세까지, 즉 5년간 중학교인 Secondary School이 운영되며, 16세에 전체 학생을 대상으로 GCSE(General Certificate of Secondary Education)라는 시험을 통해 성취도를 평가합니다. 그리고 이후 2년간의 6th Form School을 통해 이후 개인의 선택과 학업 성취도에 따라 대학이나 취업 전선에 뛰어들게 되지요. 남의 나라 교육과정인지라 뭔가 굉장히 복잡하게 느껴지지만, 우리나라의 초등학교에 해당하는 과정을 Primary School로, 중학교 과정을 Secondary School로 생각해도 무방할 것 같습니다.

다음의 표는 2008년과 2014년 영국의 교육과정입니다. 두 교육과정의 과목 구성이 거의 같지만 달라진 점이 있다면? 바로 '정보 통신 기술' 과목이 '컴퓨팅' 과목으로 명칭이 변경된 것이지요. 물론 이것은 표면적인 변화입니다. 실체적으로는 어마어마한 인식과 목적, 방법의 변화가 있었습니다.

국가 교육과정 위치	구분	Key Stage 1 (5–7세)	Key Stage 2 (7–11세)	Key Stage 3 (11–14세)	Key Stage 4 (14–16세)
2008	영어	○	○	○	○
	수학	○	○	○	○
	과학	○	○	○	○
	디자인과 기술	○	○	○	○
	정보 통신 기술	○	○	○	○
	역사	○	○		
	지리	○	○		
	현대외국어			○	○
	미술과 디자인	○	○	○	
	음악	○	○	○	
	체육	○	○	○	○
	시민교육			○	○
2014	영어	○	○	○	○
	수학	○	○	○	○
	과학	○	○	○	○
	디자인과 기술	○	○	○	
	컴퓨팅	○	○	○	○
	역사	○	○	○	
	지리	○	○	○	
	언어		○	○	
	미술과 디자인	○	○	○	
	음악	○	○	○	
	체육	○	○	○	○
	시민			○	○

▶ 2008, 2014년 영국의 교육과정 비교

위의 표에서 2008년 교육과정에 포함된 정보 통신 기술 과목은 주로 컴퓨터 '활용' 능력에 초점을 맞춘 것으로 생각하면 쉬울 것 같습니다. 아니, 컴퓨터를 사용하는 데 있어 가장 중요한 것이 '활용' 능력이 아니냐고요? 네, 일단은 맞습니다.

우리나라에서도 90년대 말부터 서점에 가면 쉽게 접할 수 있는 책이 엑셀, 파워포인트, 워드프로세서 활용서였지요. 필자의 경우에도 90년대 말 중학생 시절 워드프로세서 2급 자격증을 취득했고, 2000년 초 대치동 학원가에서 초등학생들을 대상으로 1:1 워드프로세서, 엑셀 활용 과외를 한 바 있습니다. 그때만 해도 컴퓨터를 실제로 잘 사용할 수 있는 능력이야말로 성인이 되었을 때 가장 인정받을 수 있는 기술 중 하나라고 믿고 있었지요. 물론 틀린 것은 아닙니다. 다만, 이제는 컴퓨터 활용이 너무나 당연한 기술이 되었을 뿐이지요. 엑셀, 워드프로세서나 파워포인트 활용 능력 없이는 초등학생 과제 제출도 어려운 현실이니까요.

이제 다시 영국의 교과과정을 살펴보겠습니다. 그렇다면 2014년에 도입된 '컴퓨팅' 과정이 의미하는 것은 무엇일까요? 먼저 우리에게도 익숙한 선진국의 교육 방침부터 생각해 보아야 합니다. 바로 'What'이 아니라 'How'에 집중하는 것이지요. 무엇을 가르치느냐보다 어떻게 배우게 하고 생각하게 하느냐입니다.

사실 2008년 영국에 도입된 정보 통신 기술 과목의 경우에도 단순 컴퓨팅 활용에 대한 주입식 교육이 아니라 학생들이 학습 방법을 어떻게 배울 수 있는지, 어떻게 자기표현을 잘할 수 있고 가치 내재적인 주제들을 융합할 수 있는지로 접근하긴 했습니다. 그리고 이러한 접근 방법의 경우 듣고 보면 참 훌륭하고 좋은 것들이긴 합니다만, 실체가 없다면 '그래서 어떻게? 뭘?'이라는 추상적인 답변만 내놓기 쉽지요. 사실 큰 문제는 교수진들도 이를 제대로 이해하고 적용하기 어려웠다는 것입니다. 한마디로 뭔가를 배우고 학습하긴 해야 하지만 그 실체와 지식적인 부분에 대한 정의가 어려웠던 것이지요.

그러다 보니 막연히 "'정보 통신 기술'이란 '컴퓨터 활용 능력'이다"라는 분석 아래 열심히 컴퓨터 활용 능력을 '주체적으로', '자유로운 토론' 방식으로 학습하게 되었을 것입니다. 하지만 시간이 지나고 보니 단순히 자기 표현력을 키우기에는 기술이 너무나 급변하고 있고 창의적인 디지털 기술에 대한 학습 필요성이 점점 더 커지고 있다는 것을 깨닫게 됩니다. 그래서 10년을 이어온 IT 교육이 성공적이지 못하다는 결론에 이른 것이지요. 따라서 2014년에서야 기존의 광범위한 정보 통신 기술 과목을 '컴퓨팅 혹은 컴퓨터 과학(Computer Science)' 과목이라는 보다 세부적인 과목으로 전환하고, 코딩을 통해 핵심 지식을 습득할 수 있는 실체가 있는 과목으로 정의하게 됩니다.

이제 우리나라로 돌아와서, 조금 전 필자의 경험을 토대로 얘기한 바와 같이 우리나라 부모님들이 굉장히 쉽게 빠질 수 있는 오류가 여기에 있습니다. 바로 초등학생, 중·고등학생 자녀를 둔 우리 부모님들 세대가 90년대 말 혹은 2000년대 초반에 초·중·고등학교, 대학교에 다닌 세대라는 것입니다. 그때 당시 우리나라의 IT 교육 역시 컴퓨터 활용 능력에만 초점을 맞추고 있었습니다. 의식 있는 교육기관이나 언론에서는 선진국의 'How'에 집중하는 교육 방법을 대대적으로 선전하면서 우리도 그런저런 영향을 받던 시기이지요.

필자가 굳이 이웃 나라의 교육과정에 대한 이야기를 매우 길게 한 데에는 이유가 있습니다. 우리 부모들이 갖고 있는 '코딩 교육'의 막연한 개념을 명확히 하고자 함입니다. 즉, 코딩 교육은 그럴듯하게 'What'보다 'How'에 집중하는 '논리적 사고력'에만 해당하는 교육도 아니고, 단순히 컴퓨터를 활용하는 능력을 키우기 위한 교육도 아닙니다. 코딩 교육이란, 'How'에 집중하는 논리적 접근 방법을 유지하면서, IT 핵심 기술을 가지고 미래 디지털 시대를 대비할 수 있는, 창의력 있는 인재를 양성하기 위한 교육입니다. 한 마리 토끼가 아니라 두 마리 토끼를 동시에 잡아야만 우리 아이들의 코딩 교육에 성공할 수 있습니다.

CHAPTER 3
: 미국, 하루 한 시간 코딩하기
아워 오브 코드(Hour of Code)

최근 유명 IT 인사들이 강조하는 코딩 운동이 있습니다. 바로 아워 오브 코드(Hour of Code), 일주일에 한 시간 코딩하기입니다. 더도 말고 일주일에 딱 한 시간만 코딩하자는 운동인데요, 일주일에 한 시간씩이라도 꾸준히 코딩을 접하면 컴퓨터가 쉬워지고 친근해진다는 논리입니다. 우리나라의 오래된 속담에 가랑비에 옷 젖는다는 말이 있지요. 별것 아닌 것 같은 일주일에 한 시간이 쌓이면 우리 아이들의 인생을 바꿔 놓을 수도 있다는 의미입니다.

아워 오브 코드는 미국의 비영리 단체인 Code.org가 시작해 전 세계 180개 이상의 국가에서 이루어지고 있는 국제적 운동입니다. 또한 누구나 어디에서든지 아워 오브 코드 행사를 운영할 수 있다고 명시되어 있을 만큼 자발적입니다. 예를 들어, 아래의 아워 오브 코드 홈페이지를 방문하면 4세부터 104세까지 누구든 참여할 수 있는 한 시간 분량의 튜토리얼이 40여 개 이상의 언어로 준비되어 있습니다.

▶ 아워 오브 코드 홈페이지 (https://hourofcode.com/kr)

아워 오브 코드 홈페이지를 방문하면 미국의 여러 유명 인사의 인터뷰를 비롯해 코딩 교육의 기본에 대한 내용을 쉽게 설명한 영상, 설명을 접할 수 있습니다. 또한, 아주 기초적인 코딩 교육도 접할 수 있는데요, 코딩 언어로는 세계적인 명문 대학인 MIT에서 만든 언어인 스크래치(Scratch)[2]를 사용하고 있지만, 스크래치를 전혀 모르는 사람이라도 한 시간을 투자하면 어느 정도 쉽게 습득할 수 있을 정도로 쉽게 설명되어 있는 편입니다.

버락 오바마 미국 대통령은 2013년부터 코딩 교육이 국가의 경쟁력에 일조한다는 근거를 내세워 컴퓨터 프로그래밍 교육의 중요성을 꾸준히 강조해 왔습니다. 실제로 그는 '모든 학생이 컴퓨터 코드를 배워야 한다. 단순히 비디오 게임을 플레이하고 놀 것이 아니라, 직접 프로그램을 만들어 활용하라'는 말을 한 적이 있지요. 또한 아이들과 함께 자바스크립트 언어를 배우고 몇 줄 직접 작성해 보기도 하는 등 이 운동을 직접 실천하면서 그 중요성을 몸소 퍼트리고 있습니다.

▶ 아이들과 직접 코딩을 하는 버락 오바마 대통령 (출처: https://www.forbes.com)

이제는 그냥 컴퓨터를 사용, 활용만 하는 시대가 이미 지난 것이 확실해 보입니다. 설사 아이들이 흥미로워하는 그것이 우리 부모들이 그렇게 엄격하게 못 하게 말리는 컴퓨터 게임이라 할지라도, 우리 아이들이 뭔가 재미있는 것을 접했을 때 '저걸 어떻게 만들어 볼 수 있을까?'라는 창의적인 생각을 허용하는 사회야말로 코딩과 친근해질 수 있는 사회가 아닐까요? 그런 의미에서 일주일에 한 시간씩 코딩을 배우자는 취지의 '아워 오브 코드(Hour of Code)' 캠페인은 아이들에게 코딩에 근간한 사고력을 향상시켜 줄 수 있는 좋은 습관이 될 것입니다.

---

[2] 스크래치(Scratch)는 전 연령이 쉽게 프로그래밍할 수 있도록 MIT에서 개발한 언어로, 기존 텍스트 기반 개발 언어와 달리 블록을 끼워 맞추는 방식으로 쉽게 개발할 수 있다.

CHAPTER 4

:10년 전 시작된 일본의 코딩 교육

일본은 이미 지난 2009년부터 소프트웨어 교육을 강화해 왔습니다. 2009년부터 유치원, 2011년 초등학교, 2012년 중학교, 2013년 고등학교 순으로 '신 학습지도요령'에 따라 필수 과목으로 지정된 코딩 교육을 전면 실시하고 있지요. 게다가 2020년부터 초등학교를 시작으로 2021년 중학교, 2022년 고등학교에서 각 전 학년에 걸쳐 '프로그래밍/코딩 교육'을 의무화할 예정입니다.

선진국 중에서도 고령화가 가장 빠르게 진행되는 일본이 글로벌 비즈니스 경쟁을 이겨내고, 일본 젊은이가 4차 산업혁명 시대를 생존하기 위해서는 IT 기반을 강화하는 것이 필수 불가결하다는 일본 정부의 인식이 깔려 있는 것이지요. 예를 들어 초등학교에서는 산수 시간이나 미술 시간 등을 활용해 퍼즐을 맞추듯이 프로그램을 만드는 비주얼 프로그래밍이나 로봇을 이용해 프로그래밍의 원리를 학습하는 수업 등 시각적으로 이해를 돕는 학습이 주를 이루고 있습니다. 이러한 세태를 반영하듯, 불과 수년 전만 해도 일본에서 거의 찾아볼 수 없었던 초등학생을 주 대상으로 하는 프로그래밍 학원을 최근에는 거리에서 쉽게 찾아볼 수 있는 정도입니다.

▶ 일본 거리에서 쉽게 찾아볼 수 있게 된 코딩 학원 (출처: https://news.kotra.or.kr)

일본에서 시행되고 있는 코딩 교육은 '기술/가정', '정보' 과목 안에 포함되어 있습니다. 그리고 그 내용을 들여다보면 기존의 단순 코딩 위주의 교육과 교과과정에서 큰 차이를 보이고 있고요. 먼저 중학교 '기술/가정'에서는 디지털 작품의 설계 및 제작, 프로그램에 의한 제어 방법 등을 가르치고 있습니다. 다음으로 고교 교육과정인 '정보' 과목에서는 '문제 해결의 기본적인 사고방식', '정보 통신 네트워크의 문제 해결' 등 코딩을 통해 사회문제 등을 해결할 수 있는 방안을 탐구하고 있습니다. 또한 '모델화와 시뮬레이션', '정보사회 안전과 기술' 등 수준 높은 소프트웨어 교과과정이 포함되어 있고요. 쉽게 말해 과학 시간에는 전기 제품에 사용된 프로그래밍의 원리를 학습하고, 음악 시간에는 창작용 코딩 툴을 활용해 음의 높낮이와 길이 등을 조합하며 음악을 창작하는 과정을 배웁니다.

09년부터이니 일본은 이미 10년째 시행 중입니다. 일본을 눈여겨봐야 하는 이유는 우리와 비슷한 환경에서 비슷한 문제점을 안고 있기 때문입니다. 특히 학생들을 평가하고 그것으로 대학까지 가야 하는 일은 한국과 일본은 판박이처럼 똑같지요. 따라서 코딩 교육에 있어서 일본은 학생들을 어떻게 평가하고 입시에 반영하는지 앞으로도 주의 깊게 살펴볼 필요가 있습니다.

일본 코딩 교육 목표는 프로그래밍과 코딩 전문가 양성이 아닙니다. 가급적 많은 학생이 '컴퓨터를 이용한 사고'를 증진하는 것이 목표라고 하는데요. 현재까지의 일본 지침은 '정보 활용 능력'에 집중하는 것이었습니다. 그리고 최근 발행한 새 지침에는 '프로그래밍'을 명시적으로 언급했다고 합니다. 사실 프로그래밍뿐 아니라 기존 정보 활용 능력의 활용 역시 강화했는데, 이를 보면 융합 교육을 강조하는 추세라는 것을 확인할 수 있습니다.

특히 일본의 코딩 교육은 컴퓨터 언어를 익히는 과정이 아닙니다. 어떤 문제를 해결하기 위해 알고리즘을 가르치는 컴퓨터 과학 기초 과정을 가르치고 있지요. 게다가 요즈음 보안 문제가 세계 ICT 업계의 큰 이슈가 되면서 일본의 고교 과정에 컴퓨터 보안(Computer Security)을 도입하는 방안까지도 협의 중에 있는 것으로 알려져 있습니다.

우리나라 사람들에게 가장 많이 알려진 일본 기업 중 하나인 소니는 블록과 전자 부품을 조립해 로봇을 만든 후 애플리케이션으로 소비자가 스스로 프로그램을 구성해 움직일 수 있도록 하는 학습 키트인 'KOOV'를 발매하기도 했습니다. 가격은 한화 기준 약 40만 원으로 완구류 중에서는 매우 높은 가격대임에도 불구하고 6개월 만에 수천 대가 판매된 것으로 보아 일본 내에서 코딩 교육의 열기가 어떤지 짐작할 만합니다.

▶ 소니의 코딩 학습 키트 KOOV

CHAPTER 5
: 한국, 국내 기업들이 나섰다

그렇다면 우리나라의 코딩 교육은 어떻게 진행되고 있을까요? 외국의 코딩 교육 흐름을 살펴보았으니, 이제부터 국내 사정을 좀 살펴보겠습니다. 여러분이 알고 있는 유명한 국내 IT 기업에는 어떤 것들이 있나요? 삼성, LG, 네이버 등 아주 큰 IT 기업을 먼저 생각해 봅시다. 일단 삼성전자의 경우 진작부터 주니어 소프트웨어 아카데미라 하여 코딩 교육을 주로 하는 미래교육 아카데미를 운영하고 있습니다. 주기적으로 아이들과 선생님들을 위한 체험 교실 및 컨퍼런스, 경진대회 등을 운영하므로, 한 번씩 홈페이지에 방문해 일정을 확인하고 직접 참여해 보면 좋을 것 같습니다.

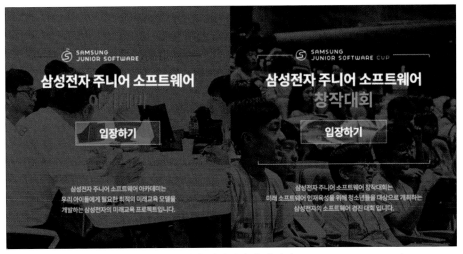

▶ 삼성전자 주니어 소프트웨어 아카데미 홈페이지 (https://www.juniorsw.com)

LG CNS의 경우에도 자유학기제를 시행하는 중학교를 대상으로 '코딩 지니어스' 프로그램을 운영해 매년 수천여 명의 코딩 교육을 직접 지도하고 있습니다. 2019년 기준 전국 총 50개 학교와 6,000여명의 중학생들을 대상으로 코딩 교육 프로그램을 운영하고 있으며 대상자 수는 매년 증가하는 추세입니다. 서울 소재 중학생뿐 아니라 도서 산간지역 및 저소득층 학생들에게도 교육 기회를 제공하고 있으며, 현직 교사 대상으로 코딩 연수 및 학부모에게도 소프트웨어 교육의 필요성과 자녀의 코딩 학습법 등의 정보를 제공할 계획입니다.

▶ LG전자 코딩 지니어스 프로그램 (출처: http://www.dailysecu.com)

이번에 소개할 기업은 엔트리 교육연구소입니다. 엔트리 교육연구소는 네이버 커넥트 재단의 후원을 받아 다양한 소프트웨어 코딩 교육 활동을 진행하고 있으며 대표적인 것이 바로 엔트리 플랫폼입니다.

▶ 엔트리 홈페이지 (https://playentry.org)

엔트리 홈페이지는 교사, 학생, 학부모 등 일반인 누구나 쉽게 소프트웨어를 경험하고 배울 수 있도록 무료로 운영됩니다. 테트리스 게임 알지요? 음… 네. 필자의 경우 희한하게 시험 기간만 되면 테트리스 게임이 그렇게 하고 싶어지더라고요. 매우 단순하지만 재미도 있는 게임이라 정말 중독성 있습니다. 재미있는 테트리스 게임을 하듯이 블록을 이리저리 옮겨 끼우다 보면 알고리즘이 만들어지고, 알고리즘을 여러 개 만들다 보면 하나의 프로그램이 완성됩니다. 어떤가요, 놀랍지요?

이렇게 재미있는 요소를 접목한 프로그래밍 언어이다 보니 현재는 매달 60만 명 이상의 학생이 엔트리를 사용하고 있으며 가입자 수는 매년 500%, 학생들이 만드는 작품 수는 700% 이상 늘고 있습니다. 이와 같이 엔트리는 국내 소프트웨어 교육을 대표하는 서비스로 자리 잡아 다수의 초·중등 교과서뿐 아니라 EBS, KBS 방송사 등에서 엔트리를 활용한 다양한 교육 방송이 방영되고 있습니다. 예비 교사들은 교사가 되기 위해 대학교에서 엔트리 수업을 듣고 현직 교사들은 개편되는 교육과정을 대비하기 위해 엔트리 연수를 들어야 할 정도이지요.

PART 4부터는 엔트리를 활용해 우리 아이의 코딩 교육을 차근차근 시작해 보겠습니다. 그전에 홈페이지에 방문해 엔트리가 어떤 것인지 먼저 살펴보는 것이 많은 도움이 될 것입니다.

CHAPTER 6

: 연령대별 교육 방법

6.1 코딩 교육에 도움이 되는 사이트

이번 절에서는 코딩 교육에 도움이 되는 도구 및 사이트를 공유해 보겠습니다. 먼저 전 연령에 걸쳐 도움이 될 만한 사이트를 소개합니다.

'코봇 지구를 지켜라'는 SK텔레콤과 글로벌 콘텐츠 기업 레드로버가 한국교육방송공사와 함께 공동 제작한 애니메이션입니다. 코딩 교육에 쉽게 접근할 수 있도록 도와주는 영상이므로 한 번쯤 시청해 볼 것을 추천합니다. 코딩별 왕자인 알버트(코봇)가 데이터 바이러스 악당 크래커를 피해 지구에 왔다가 코딩 천재 어린이 레오를 만나 바이러스를 물리치는 이야기로, 매회마다 스마트로봇 알버트가 실행되고 순차, 반복과 같은 컴퓨팅 사고력 증진을 위한 코딩 알고리즘의 개념을 자연스럽게 알려 줍니다. EBS 1TV에서 다시보기로 시청할 수 있습니다.

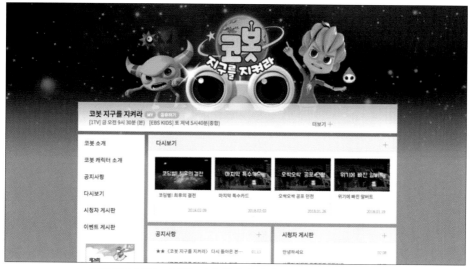

▶ EBS 1TV '코봇 지구를 지켜라' 홈페이지 (http://home.ebs.co.kr/cobot)

다음으로 '소프트웨어야 놀자' 홈페이지를 방문해 보는 것도 좋습니다. 여기서 제작된 영상들로 컴퓨터 과학에 대한 선행 지식이 없는 상태에서 게임과 놀이를 통해 자연스럽게 알고리즘과 절차, 시뮬레이션, 프로그래밍과 같은 소프트웨어의 기초 원리를 배울 수 있습니다. 아이들 스스로 설계하고 진행하는 과정을 통해 논리력과 창의력, 문제 해결 능력을 키울 수 있는 프로그램이므로 한 번쯤 시청해 보는 것이 좋습니다. 실제로 공중파에서 방송된 이후 아래와 같은 전문 홈페이지가 제작되어 방송된 영상들을 무료로 다시보기가 가능하고, 지역 내 코딩 교육이 가능한 교사와의 연결도 가능하니 한 번 방문해서 살펴보세요.

▶ 소프트웨어야 놀자 홈페이지 (https://www.playsw.or.kr)

전 세계적으로 유명한 코드닷오알지(code.org) 홈페이지 역시 방문해 볼 만합니다. 코드닷오알지는 구글, 마이크로소프트, 페이스북 등의 지원으로 설립된 비영리단체입니다. 버락 오바마 전 미국 대통령이 홍보 영상을 찍기도 했었지요. 아동, 청소년, 일반인까지 코딩의 기초를 무료로 배울 수 있으며 한국어로 번역된 수업도 지원됩니다. 다음의 홈페이지는 영어로 된 홈페이지를 한국어로 일부 번역한 것이라 문장이 일부 자연스럽지 않고 군데군데 영어로 남아 있는 문장들이 있어 좀 어색하긴 하지만, 한국어로 번역된 콘텐츠가 꽤 있는 편입니다.

참고로 선생님에게 제공되는 교육 자료도 있어 학생들을 어떻게 가르칠지에 대한 방법론을 포함하여 소프트웨어 교육과 관련된 자료들을 제공하고 있습니다. 따라서 코딩 교육에 관심이 많은 부모 혹은 일반인에게도 매우 유용합니다.

▶ 코드닷오알지 홈페이지 (https://code.org)

만약 아이가 중학생 이상이라면 조금 더 난도가 높은 사이트를 추천합니다. 먼저 아래 코리아 소프트웨어 홈페이지는 과학기술정보통신부, 정보통신산업진흥원, 경인교대 미래인재연구소가 공동 개발해 운영하고 있는 온라인 주니어 소프트웨어 교육 사이트입니다. 약간 난도가 있는 프로그래밍 강좌, 컴퓨터 과학, 소프트웨어 교육 강좌 등을 제공하고 있습니다.

▶ 코리아 소프트웨어 홈페이지 (http://koreasw.org)

다음 절에서는 연령대별로 적합한 교육 방법 혹은 도구들을 함께 소개해 보겠습니다. 좋은 코딩 교육 도구를 국내에서 개발해 판매하고 있다면 더할 나위 없이 좋겠지만, 아무래도 영국이나 미국에서 먼저 시작된 코딩 교육이다 보니 국내 제품들은 아직 개수도 적고 완성도가 조금 떨어지는 편입니다. 하지만 IT 강국 대한민국 아니랄까 봐 해가 다르게 좋은 도구들이 출시되고 있으니 해외 시장을 앞지르는 것도 시간문제라 봅니다. 참고로 본 도서에서 소개하는 제품들은 대부분의 경우 국내에서 개발되었거나 수입해 판매하는 제품입니다.

6.2 유아 & 유치부(3~6세)에 적합한 활동

1. 언플러그드 활동(Unplugged Activity)

이 시기에는 아이가 너무 어려 직접 컴퓨터나 기타 IT 기구를 가지고 실시하는 교육보다는 놀이에 접목한 교육이 적합합니다. 이 분야에서 가장 유명한 방법론이 언플러그드 교육입니다. 어느 날 뉴질랜드의 한 컴퓨터 과학 전공 팀 벨(Tim Bell) 교수가 유치원에서 1일 교사를 맡게 된 것을 계기로, '어린아이에게 어떻게 쉽게 가르칠 수 있을까?'에 대해 진지하게 고민한 결과로 탄생한 것이 바로 언플러그드 교육 방법론입니다. 이는 컴퓨터의 직접적인 이용 없이 카드, 줄, 펜, 종이 등 주변에서 쉽게 구할 수 있는 소재들로 컴퓨터 과학의 기초 개념을 교육할 수 있는 방법론입니다. 가장 쉬운 주변의 예로 보드게임을 생각하면 될 것 같습니다. 보드게임에 컴퓨터 원리를 적절히 대입시켜 학습하는 것이지요.

▶ 팀 벨 교수의 언플러그드 교육 현장 (출처: https://nrlcthink101math.wordpress.com)

언플러그드 교육은 컴퓨터가 없는 환경에서 컴퓨터 과학 원리를 학습할 수 있는 놀이를 개발한 교수 학습 방법입니다. 최근에는 유치원이나 어린이집에서까지 이러한 활동들을 접목하는 추세인데요, 무엇보다 흥미를 유발할 수 있는 놀이를 통해 컴퓨터 원리를 간접적으로 학습하여 향후 이를 적용할 수 있는 능력을 신장시키는 것이 목적이라 할 수 있습니다.

주의할 점은 단순히 놀이로만 끝나지 않아야 한다는 점입니다. 그렇지 않으면 의도와 달리 단순히 재미 추구를 위한 놀이 활동 시간에 그치기 때문입니다.

예를 들어 프로그래밍의 가장 기본이 되는 원리인 '순차'와 '반복', '조건'의 개념을 익히기 위해 아래와 같은 활동을 구성해 볼 수 있습니다. 사실 일상에서 우리가 하는 모든 행동에 '순차', '반복', '조건'과 같은 프로그래밍 개념을 적용할 수 있으며 이러한 개념을 적용하는 순간 곧 '알고리즘'이 완성됩니다.

예시 ① 아이가 할 일 코딩하기

준비물 l 펜, 종이, 가위, 봉투

적당한 크기의 종이를 잘라 여러 장의 카드(약 5*8cm 카드 크기)를 준비합니다. 카드에는 아이가(엄마가) 집에 왔을 때 가장 먼저 해 주었으면 하는 일을 순서대로 적습니다. 아이(엄마)에게 이 카드를 전달해 이대로 행동하도록 지시하는 것이 실습의 목적입니다.

예를 들어 필자라면 아이가 학교 수업을 마치고 집으로 돌아왔을 때 아래와 같은 행동을 지시하고 싶습니다.

1. 신발을 벗는다.
2. 화장실로 들어간다.
3. 양손을 깨끗이 씻는다.
   (땀을 많이 흘렸다면)
   3-1. 샤워를 하고 옷을 갈아입는다.
4. 휴식을 취한다.

외출 시마다 반복한다.

카드는 총 5장이 필요합니다. 그리고 1부터 4까지의 할 일을 카드 앞면에 적고, 순서대로 봉투에 담아 아이에게 전달하면 활동 지시가 완료됩니다. 1~4까지의 모든 활동은 '순차'적으로 이루어져야 하며, 3-1 활동은 아이가 (땀을 많이 흘렸다면)이라는 '조건'이 달성되었을 때 행동하면 됩니다. 마지막으로 이 모든 활동은 아이가 외출 시마다 '반복'되어야 하는 활동입니다.

잘 따라 하셨나요? 눈치채셨을지 모르겠지만, 여러분은 방금 '순차'와 '반복', '조건'을 사용해 '알고리즘'을 만들어 아이에게 전달했습니다. 알고리즘이란 어떤 문제를 해결하기 위한 일련의 절차를 공식화해 표현한 것입니다. 여러분은 조금 전 아이가 할 일을 순차적으로 잘 정리해 표현했으므로 이 모든 과정이 사실은 '코딩' 과정입니다. 코딩이 꼭 프로그래밍 언어를 사용해 컴퓨터로 구현해야 한다고 생각할 필요는 없습니다. 이처럼 굳이 컴퓨터를 사용하지 않더라도 아이에게 기초적인 원리와 개념을 자연스럽게 일깨워 주는 방법론이 언플러그드 교육이라고 할 수 있습니다.

어떤가요, 매우 쉽지요? 이와 같이 일상생활에서 어떤 것이든 아이와 컴퓨터의 원리를 학습하기 위해 문제를 내 볼 수도 있습니다.

아래의 예시는 컴퓨터 과학의 기본 원리 중 하나인 '반복'만 집중적으로 찾는 활동입니다. 우리에게 매우 친숙한 '떴다 떴다 비행기~' 노래 아시지요? 이 노래를 '알고리즘'화한다면 어떻게 표현하면 될까요?

예시 ② 노랫말에서 '반복' 개념 찾기

떴다 떴다 비행기	→	(떴다×2) 비행기
날아라 날아라		(날아라×2)
높이 높이 날아라		(높이×2) 날아라
우리 비행기		우리 비행기

이와 같이 '반복'의 개념을 집중적으로 일러 주기 위한 놀이를 반복하면, 아이가 좋아하는 동요를 흥얼거릴 때 '반복'의 개념을 자기도 모르게 적용하고 있을 것입니다.

이제 좀 개념이 명확해졌나요? 이번에는 언플러그드 교육에서 제일 대표적인 활동인 바둑판 모양 그림판을 활용해 '순차'에 대해 집중적으로 익히는 활동을 설명해 보겠습니다. 이 활동은 아이와 게임처럼 쉽게 적용해 볼 수 있습니다. 아이의 눈높이에 맞춰 더 발전시켜 볼 수도 있으므로 차근차근 시작해 보시기 바랍니다.

예시 ③ 바둑판에 똑같은 그림 그리기

준비물 | 종이 2장, 펜

먼저 아래와 같이 종이 2장에 3*3 모양으로 바둑판을 그립니다.

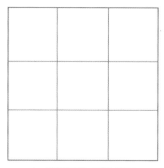

▶ 바둑판을 그린 종이

바둑판 2장이 준비되었다면 둘 중 한 장을 아이에게 주고 부모가 한 장을 들어 뒤돌아 앉습니다. 그리고 아이가 원하는 칸을 펜으로 칠하도록 일러 줍니다. 부모가 뒤돌아 앉아 아이가 색칠한 바둑판 모양을 보지 않는 것이 중요합니다. 아이가 바둑판 군데군데 원하는 칸을 색칠하고 나면 문제가 완성되었습니다.

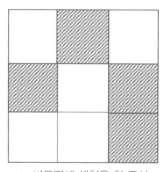

▶ 바둑판에 색칠을 한 종이

이제 부모는 다시 아이와 마주 보고 앉습니다. 그리고 아이가 문제를 설명해 줄 차례입니다. 아이가 어느 칸을 색칠했는지 바둑판을 이동하면서 알려 주어야 하는데, 규칙은 아래와 같습니다.

 - 최상단 왼쪽(1*1)부터 시작합니다.
 - 바둑판은 한 칸씩 이동할 수 있습니다.
 - 대각선 방향이 아닌 위/아래/오른쪽/왼쪽으로만 움직여야 합니다.
 - 색칠할 칸에 도착하면 "칠하세요"라고 말하면 됩니다.

예를 들면 위와 같이 색칠한 아이는 이렇게 말하게 될 것입니다.

- 오른쪽으로 한 칸 이동하세요. (이동 횟수: 1회)
- 칠하세요.
- 오른쪽으로 한 칸 이동하세요. (이동 횟수: 2회)
- 아래쪽으로 한 칸 이동하세요. (이동 횟수: 3회)
- 칠하세요.
- 왼쪽으로 한 칸 이동하세요. (이동 횟수: 4회)
- 왼쪽으로 한 칸 더 이동하세요. (이동 횟수: 5회)
- 칠하세요.
- 아래쪽으로 한 칸 이동하세요. (이동 횟수: 6회)
- 오른쪽으로 한 칸 이동하세요. (이동 횟수: 7회)
- 오른쪽으로 한 칸 더 이동하세요. (이동 횟수: 8회)
- 칠하세요.

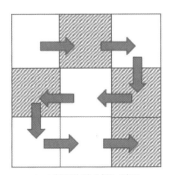

▶ 바둑판의 이동 경로

부모는 그림을 다 그린 후 돌아앉아 아이의 원래 그림과 비교해 봅니다. 똑같은 그림이 나왔다면 성공, 그렇지 않다면 실패입니다. 실패했다면 순서를 바꿔 시도하여 아이가 게임에 익숙해지도록 지도하거나, 처음부터 차근차근 다시 도전해 보면 됩니다.

<발전된 예제 1>
아이가 이 게임에 익숙해진다면 점점 바둑판의 사각형 개수를 늘려 볼 수 있습니다. 처음에는 3*3 총 9개로 시작했지만 4*4 혹은 5*5로 늘려 가는 식이지요.

<발전된 예제 2>
이번에는 총 이동 횟수를 세 보겠습니다. 그림을 그리는 규칙에 아래의 규칙을 추가합니다.
- 부모는 아이가 이동하라고 말을 할 때마다 총 이동 횟수를 셉니다.

위 예시에서는 총 8회 만에 바둑판에 그림을 다 그렸습니다. 이번에는 총 8회보다 적은 횟수로 그림을 그려볼 테니 이동하는 방향을 다르게 바꿔 보자고 제안해 보세요. 예를 들면 아래와 같이 총 6회 이동 횟수가 적용되도록 이동시켜 볼 수 있습니다.

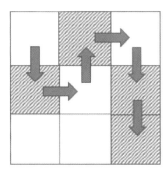

▶ 최적화된 바둑판의 이동 경로

와, 여러분은 지금 막 알고리즘 최적화를 시도했네요. 그리고 컴퓨터 과학에서 제일 유명한 알고리즘 중 하나인 '최단 경로 찾기 알고리즘(Shortest Path Algorithm)'의 개념을 도입했습니다. 문제를 해결하고 결론에 도달하기 위한 최소 비용을 찾는 알고리즘인데요, 여러분에게 익숙한 내비게이션 애플리케이션의 '빠른 길 찾기'에서 사용되는 기술이지요. 출발점과 도착점이 정해져 있고 보다 빠른 비용과 시간으로 목적지에 도착하기 위한 알고리즘입니다.

위 예시의 경우 총 이동 횟수는 6회로 기존보다 2회가 단축된 결과입니다. 설사 시도하는 동안에 횟수가 처음보다 더 늘어난다고 해서 아이에게 면박을 주거나 질책할 필요는 전혀 없습니다. 실패하는 과정 또한 코딩의 한 부분입니다. 실제로 코딩은 100번의 디버깅 및 테스트를 거쳐 1번의 완벽한 성공을 만들어내는 과정이라고까지 말할 수 있습니다. 예를 들어 프로그래밍 분야의 유명한 방법론 중 '테스트 주도 프로그래밍 개발(TDD)[3]'이라는 것이 있는데, 이 방법론에서는 오히려 실패하는 경우를 최대한 찾아내서 테스트 프로그램을 코딩하도록 적극 권장하고 있습니다. 어떤 경우에 실패하는지를 알아야 잘못된 사용자의 입력에도 정상 동작하도록 프로그램을 완성도 있게 만들 수 있기 때문입니다. 결국 잘못된 테스트에도 적절하게 대처하는 과정은 아주 견고한 프로그램으로 성장하게 됩니다. 그러므로 여러 방면의 테스트를 진행하면서 아이의 컴퓨팅 사고력에는 더 큰 도움이 됩니다.

위의 발전된 예제 1, 2까지 다 마스터했다면 출발 지점을 바꿔 보는 것도 좋은 접근입니다.

---

❸ 테스트 주도 프로그래밍 개발(TDD, Test-Driven Development): 켄트백(Kent-beck)의 유명한 개발 방법론으로, '프로그램을 구현하기 전에 테스트 코드를 먼저 작성하라'는 이론

이 경우 어느 지점에서 출발하는 것이 최단 경로에 가까운지 자유롭게 상상하게 됩니다. 음…
여기서 잠깐만요, 혹시 이 비슷한 유형의 게임을 접한 적이 있지 않으신가요? 딩동댕~ 바로 오
일러의 '한붓그리기'입니다. 물론 한붓그리기의 경우 같은 길을 다시 지나갈 수 없다는 규칙이
존재하지만, 최단 경로를 찾기 위해서는 같은 길을 재방문하지 않아야 하므로 결국은 한붓그리
기와 같다고 할 수 있습니다. 예를 들어 아래 그림과 같이 왼쪽 중간 칸에서 출발한다면 총 5
회의 이동 횟수로 문제를 해결할 수 있습니다.

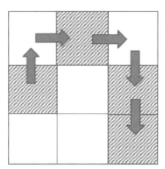

▶ 한붓그리기와 유사한 최단 경로 찾기

여기서 잠깐!

오일러의 한붓그리기 법칙이란 독일의 수많은 수학자를 괴롭혔던 문제입니다. 지금
은 러시아의 땅이지만 옛날 독일의 도시였던 쾨니히스베르크는 독특한 지형으로 인해
7개의 다리가 중간의 섬을 지나게 되는 구조였습니다.

▶ 7개의 다리 (출처: http://www.leonhardeuler.com)

그리고 어느 한 시민이 다음과 같은 질문을 하게 됩니다.

"7개의 다리 중 어느 다리나 한 번씩만 차례로 모두 건널 수 있을까?"

이 문제는 오랜 시간 동안 쾨니히스베르크 도시의 난제로 남았고 이 문제를 처음으로 해결한 수학자가 바로 스위스의 레온하르트 오일러입니다. 오일러는 자신만의 방법으로 이 수학적 난제를 해결했고 한 번의 선 그리기로 모든 다리를 지나갈 수 있는 방법을 찾는다고 하여 이 문제는 '한붓그리기'라고 불리기 시작했습니다.

오일러의 한붓그리기 법칙에 의하면 쾨니히스베르크의 7개의 다리는 한 번에 차례로 건널 수 없습니다. 한붓그리기 법칙이란, 아래 두 가지를 만족하는 법칙입니다.

1) 모든 점에서 짝수 개의 선이 만나는 경우만 한붓그리기가 가능하다.
2) 홀수 개의 선이 만나는 점이 2개만 있으면서 하나는 출발점, 하나는 도착점이 되는 경우만 한붓그리기가 가능하다.

이런 퀴즈 문제의 해결 방법이 현재까지도 대단하게 다루어지는 이유는 이 사례가 바로 수학의 '그래프 이론'의 시초가 되었기 때문입니다. 아주 간단해 보이지만 결국 복잡하고 어려운 문제를 해결하는 기본 원리가 된 것입니다.

어떠신가요? 단순히 게임으로 시작했는데 어느새 컴퓨터 과학의 기초 개념인 '순차'를 집중적으로 익히게 되었고, 이를 통해 '알고리즘'을 학습했으며 심지어 '최적화'까지 도전했습니다. 어느샌가 '한붓그리기'와 같은 수학적 사고로 연결되기도 하고요. 사실 컴퓨터 과학과 수학은 떼려야 뗄 수 없는 관계입니다. 코딩을 통해 어떤 프로그램을 만들던 좀 더 빠르게, 완성도 있게 프로그램이 수행되게 하려면 수학적 사고가 필수로 동반되어야 하기 때문입니다. 이 때문에 수학을 기초 과목으로 생각하고 코딩을 응용 과목으로 확장해 생각하는 학자들도 있습니다. 실제로 아동의 사고력 교육을 위해 로고 프로그램을 만든 시모어 페퍼트(Seymour papert)는 그의 책 '마인드스톰'에서 다음과 같은 이야기를 합니다.

"어린이가 프랑스어를 배우려면 프랑스에 살면 자연스럽게 되는 것처럼, 어린이가 수학을 배우려면 수학 나라에 살 수 있도록 해 주는 것이 수학을 자연스럽게 배울 수 있도록 도와주는 것이다. 그리고 컴퓨터야말로 바로 수학을 언어로 상호작용하면서 대화를 나눌 수 있는 매체이다."

일상생활 속에서 알고리즘으로 일반화할 수 있는 상황은 생각보다 매우 많습니다. 아이의 눈높이에 맞춰 부모가 직접 이러한 활동을 개발해 준다면 더할 나위 없이 보람되지 않을까요? 부모가 알고리즘의 개념에 대해 조금만 이해하고 있다면 비싼 학원이나 학교보다 더욱 훌륭한 교육이 될 수 있습니다. 부모가 코딩의 원리와 개념에 대해 어느 정도 익숙한 상태에서 아이가 코딩 도구를 활용하는 깃과 아닌 것은 과정과 결과에서 차이가 있을 수밖에 없습니다.

2. 피지컬 컴퓨팅(Physical Computing)

아이가 어린 시기에는 아무래도 컴퓨터 앞에 주야장천 앉아만 있는 것보다는 직관적이고 보다 활동적인 코딩 활동이 도움이 됩니다. 어른들이 가까이에서 TV를 보면 눈 나빠진다고들 하지요? 요즘 아이들이 스마트폰이나 컴퓨터를 너무 어린 나이부터 접하다 보니 안경을 쓰는 나이가 점점 어려지고 있긴 합니다.

컴퓨팅 사고를 키우기 위해 컴퓨터 앞에만 앉아 있어야 하는 것은 아닙니다. 직접 일어나서 움직이고, 주변 사물을 이용해서 얼마든지 컴퓨터 사고 활동을 할 수 있습니다. 이러한 활동을 피지컬 컴퓨팅 혹은 창의 컴퓨팅(Creative Computing)이라고도 합니다. 피지컬 컴퓨팅은 문자 그대로 보통 물리적인 도구를 활용하게 되는데요, 사고력을 향상시키기 위해 로봇과 상호 작용하는 비봇과 같은 도구가 대표적입니다.

– 비봇(Bee-Bot)

피지컬 컴퓨팅 분야에서 세계적으로 가장 대표적인 도구는 비봇입니다. 비봇은 손바닥만 한 귀여운 벌 모양의 로봇 교구로, 영국의 90% 이상의 유치원에서 사용하고 있을 정도로 유아부터 초등학교 저학년 수준에 적합한 대표적인 학습 도구입니다. 비봇은 전–후 직진과 좌–우 90도 회전, 실행키 등을 가지고 있습니다. 아이가 이동할 위치로 미리 방향키를 누른 후, 실행키를 누르면 명령에 따라 해당 방향으로 스스로 이동합니다. 이를 통해 순차적 사고를 익힐 수 있으며 로봇이 가야 할 길을 보여 주는 바닥 판을 이용하면 다양한 활동이 가능합니다. 비봇은 어린이가 입력한 명령어를 순서대로 실행할 뿐 스스로 길을 찾아가지는 못한답니다.

▶ 비봇 코딩 도구 (출처: https://www.torontoteachermom.com)

아래는 비봇이 움직이는 보드입니다. 비봇을 판매하는 공식 판매처에서 다양한 종류의 보드를 구입할 수 있고, 직접 아이가 창의적으로 보드를 그려 볼 수도 있습니다. 마치 보드게임처럼 목적지를 향해 상하좌우로 움직여 도착하는 것이 목적입니다.

▶ 비봇 코딩 보드 (출처: https://www.torontoteachermom.com)

– 코드앤고(Code & Go) 로봇 마우스

이 교구는 무엇부터 시작해야 할지 난감한 부모님들이 코딩의 기초 개념을 배울 수 있는 귀여운 로봇 마우스입니다. 매우 단순하고 게임과 같은 교구인지라 어린 유아에게도 흥미를 유발하기 좋습니다. 먼저 아이들과 함께 격자무늬의 보드를 연결하여 미로를 만들고 미로 사이에

장애물을 설치하고 치즈를 적당한 곳에 놓아 주세요. 로봇 마우스가 미로를 헤쳐나가 치즈가 있는 곳까지 갈 수 있도록 명령어(코딩)를 입력해야 합니다. 비봇과 마찬가지로 스스로 입력할 수는 없고 유아가 입력한 명령에 따라서만 움직입니다.

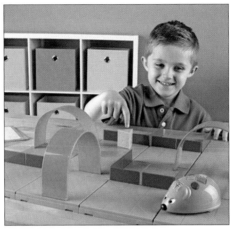

▶ 로봇 마우스 코딩 도구 (출처: https://deskgram.org)

– 큐베토

큐베토는 영국에서 몬테소리 교육을 기반으로 개발된 어린이용 코딩 교구로, 주로 3~6세의 어린 유아가 컴퓨팅 사고력을 향상시킬 수 있도록 설계되었습니다. 몬테소리 학습법은 교사가 아이에게 직접 지시하지 않고 아이 스스로 시행착오를 통해 자연스럽게 배우는 방식을 추구합니다. 큐베토는 특히나 어린 유아를 대상으로 하기에 원목을 재료로 만든 도구라는 점, 그리고 몬테소리 학습 원리를 적용했다는 점에서 좋은 평가를 받고 있습니다.

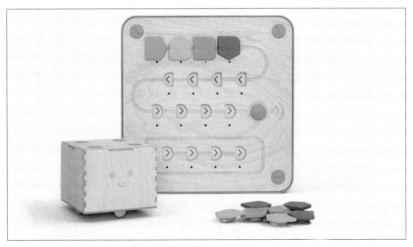

▶ 큐베토 코딩 도구 (https://www.primotoys.co.kr)

큐베토는 크게 4가지 부품으로 구성돼 있습니다. 명령어 역할을 하는 블록, 블록을 올릴 수 있는 보드, 블록을 따라 움직이는 로봇 큐베토, 지도입니다. 블록은 왼쪽, 오른쪽, 앞으로와 같은 기능을 담고 있습니다. 보드에 앞으로 블록, 왼쪽 블록 하나를 놓고, 실행 버튼을 누르면 로봇이 자동으로 움직이는 원리입니다. 아이들은 지도 위에 로봇을 두고 로봇을 움직이기 위해 어떤 블록을 몇 개 올려야 하는지 생각하면서 논리적인 사고력을 배울 수 있습니다. 다른 도구들과 마찬가지로 손으로 블록을 만지고 움직이는 로봇을 관찰하면서 알고리즘이 무엇인지 체험하는 것입니다. 나중에 아두이노에 대해 설명하겠지만, 큐베토는 아두이노를 이용했기 때문에 향후 교사나 부모가 로봇 기능을 일부 조절하거나 추가할 수 있습니다.

▶ 6.3 초등부(저학년)에 적합한 활동

– 스크래치

스크래치 프로그램은 코딩 교육에 조금이라도 관심이 있는 부모라면 한 번쯤은 들어 본 적이 있을 것입니다. 스크래치는 미국 매사추세츠 공과대학(MIT) 미디어랩에서 2006년 교육 도구로 만들었으며, 프로그래밍 언어를 블록처럼 쌓기만 하면 돼서 초등학생도 쉽게 프로그램을 설계할 수 있습니다. 블록처럼 생긴 것들을 옮겨서 알고리즘을 생성하는 것이니 엔트리와 유사한 언어 컨셉이지요. C 언어나 Java 같은 고난도의 언어가 아니라 초등학생도 프로그래밍 원리를 쉽게 이해할 수 있도록 돕는 프로그램입니다.

▶ 스크래치 홈페이지 (https://scratch.mit.edu)

– 엔트리

엔트리는 한국판 스크래치라 할 수 있습니다. 한국형인 만큼 미국에서 만든 스크래치보다 접근하기 쉽고 교재도 다양하며, 최신 언어라 나름 그래픽도 뛰어난 편입니다. 엔트리는 처음 프로그래밍을 배우는 이들도 블록을 쌓는 방식을 통해 프로그래밍 원리를 배우고 이를 바로 확인할 수 있습니다. 프로그래밍 원리를 게임을 하는 것과 같은 방식으로 배울 수 있다는 것이 장점입니다.

엔트리는 여러 가지 장점이 있지만, 단점 또한 분명히 있습니다. 이 부분은 스크래치에도 공통으로 해당하는 내용입니다. 먼저 엔트리의 장점인 블록을 가지고 레고를 쌓듯이 프로그래밍하는 것이 단점이 되기도 하는데, 주어진 블록만을 사용하기 때문에 정교한 프로그램을 만들지 못한다는 점입니다. 하지만 이는 복잡한 프로그래밍 언어를 지양하기 때문에 생기는 어쩔 수 없는 단점이지요. 또한, 우리나라 학생들은 학습 속도가 상당히 빠르기 때문에, 초등학교 고학년 혹은 중학생 이상부터는 단순하게 느낄 수 있다는 단점이 있습니다.

엔트리는 국내 사용자를 대상으로 하기 때문에 아직은 스크래치만큼 수준 높은 공유 작품이 적긴 합니다. 하지만 거의 매일 전국의 학생들이 새로운 작품을 만들어 올리고 있기 때문에 코딩에 재미를 붙인다면 서로 경쟁하고 참고하는 매우 재미있는 경험이 될 수 있습니다.

엔트리로는 기본적인 코딩뿐만 아니라 하드웨어도 제어할 수 있습니다. 즉, 엔트리에는 하드웨어 연결 프로그램이 있어서 이를 이용하면 로봇이나 아두이노 보드 등 다양한 하드웨어와 연결하여 재미있는 코딩을 할 수 있습니다. 또한, 엔트리 파이썬(Python)을 통해 초등 고학년은 조금 더 수준 높은 구현을 할 수도 있습니다.

▶ 엔트리 홈페이지 (http://playentry.org)

– 레고 에듀케이션 위두(WeDo)

아이가 만들기를 좋아한다면 레고 에듀케이션 위두(WeDo)도 살펴볼 만합니다. 위두는 아이들의 호기심을 자극해 과학, 엔지니어링, 기술 및 코딩 관련 기술의 발달을 촉진하는 체험 기반의 교구입니다. 집에서 만들던 레고를 직접 움직여 보는 패키지로, 기존 만들기 세트가 아닌 만들어 움직이며 코딩 결과를 확인할 수 있습니다. 약간은 고가이지만 실물 로봇을 직접 움직이며 코딩을 해 볼 수 있다는 점에서 아이들의 흥미를 끌 수 있어 아이들이 정말 좋아할 것입니다.

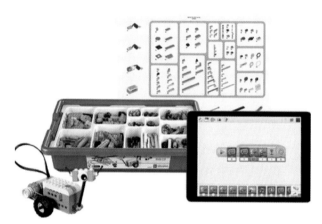

▶ 레고 에듀케이션 위두(WeDo)

– 리틀비츠

리틀비츠는 크게 센서, 액추에이터, 전원, 연결부로 이루어져 있으며, 작은 블록에 자석이 붙어 있어 손쉽게 연결할 수 있습니다. 전원–센서–액추에이터 순으로 연결하면 바로 작동하며, 복잡한 프로그래밍이 전혀 필요 없어 피지컬 컴퓨팅 요소 학습과 기본적인 CT 사고력을 기를 수 있고, 또한 간단한 메이커(Maker) 활동이나 시제품 제작이 가능하여 누구나 쉽고 재미있는 창의적인 프로젝트를 만들 수 있습니다. 이렇게 사고력 교육에 초점을 맞춘 피지컬 컴퓨팅 도구는 공통적으로 별도의 코딩이 필요 없고, 누구나 쉽고 간단하게 피지컬 컴퓨팅을 경험할 수 있을 정도로 직관적이고 쉽습니다. 보통 순차, 반복 같은 간단한 명령을 학습할 수 있으며, 피지컬 컴퓨팅의 구성에 대해 학습하기 쉽습니다. 단점으로는, 쉽고 간단하기 때문에 복잡한 명령을 내리는 데 한계가 있습니다. 따라서 어린 학생들이나 SW 교육을 위한 도입 단계에 주로 적합합니다.

▶ 리틀비츠 키트 (출처: https://littlebits.com/)

6.4 초등부(고학년) 및 중등부에 적합한 활동

초등부 고학년이거나 중등부 아이라면 앞서 소개한 교구들은 이제 조금 지루해질 만합니다. 이제는 본격적인 프로그래밍 언어를 접목한 코딩이나, 알고리즘 집중 교육으로 경진대회 등을 준비하게 될 것입니다.

요즘은 국내에서도 기업체 및 대학교 등 다양한 주관사에서 소프트웨어 경진대회를 개최합니다. 소프트웨어 경진대회에서 수상하면 향후 대학 입시에서도 좋은 영향을 줄 수 있기 때문에, 아이가 코딩이나 알고리즘에 관심이 많다면 이러한 것을 준비해 보는 것도 좋습니다.

▶ 삼성전자 주니어 소프트웨어 대회 (https://www.juniorsw.com)

다만 대회에 참가하고 입상하기 위한 조건이 최근에는 조금 달라지고 있습니다. 예전에는 주요 알고리즘 문제를 눈으로 풀어 해결하는 방식이었다면, 최근에는 실제 프로그래밍 언어인 파이썬이나 자바(Java) 언어를 하나쯤은 익힌 상태로 실제로 문제를 프로젝트성으로 해결해 보는 데 높은 점수를 줍니다. 따라서 예전에는 학원을 계속 다니면서 전통적인 알고리즘 문제를 풀기만 해도 경진대회 입상이 가능했다면, 이제는 정말로 코딩을 즐겨 하고 좋아해서 이런 저런 것을 직접 만들어 본 아이가 입상할 가능성이 높아질 것입니다.

▶ 6.5 고등부 이상에 적합한 활동

아이가 고등부라면 다가오는 4차 산업혁명의 핵심 직업인 프로그래머를 진로로 생각하고 있을 것입니다. 예전에는 프로그래머가 매우 바쁘게 일하고, 대우는 그만큼 좋지 않은 열악한 환경으로 인식되었습니다. 하지만 최근에는 외국의 구글, 페이스북과 같은 좋은 기업 문화가 국내에도 정착되는 분위기입니다. 따라서 정해진 시간에 필요한 만큼의 회의를 하고 팀원 간에 소통하면서 문제를 해결해 결과를 만들어내는 과정에 훨씬 자율성도 보장되고 보람도 느끼도록 문화가 바뀌고 있습니다.

예전에는 정보통신학과, 컴퓨터공학과 등 큰 범위에서의 학과가 정해졌다면 최근에는 성균관대학교의 소프트웨어대학 등 소프트웨어 교육에 훨씬 특화된 기관을 준비하는 추세입니다. 특히 성균관대학교의 경우 성균 SW교육원을 설립해 비전공자에게도 소프트웨어 연계 교육을 하고 있습니다. 물론 이 대학의 경우 고등부에 적합한 대학은 아니겠지만 이와 같이 대학에서 소프트웨어의 중요성을 파악하고 다양한 준비를 하고 있다는 점이 인상 깊습니다. 즉, 국가적으로 소프트웨어 산업에 대한 미래를 굉장히 높게 평가하고 있다는 방증이겠지요.

▶ 성균관대학교 소프트웨어 대학 (출처: http://cs.skku.edu/)

　　입시를 준비하는 고등학생이라면 원하는 대학에서 개최하는 알고리즘 대회에 참가해 입상한다면 이 부분이 대학 입시에서 좀 더 유리하게 작용할 수 있습니다. 보통 대학에서 실시하는 고등학생 코딩 대회는 7~8월에 이루어지며, 최근엔 코딩에 관심을 갖고 있는 고등학생들의 참여가 날로 늘고 있는 추세입니다.

▶ 서강대에서 실시한 고등학생 알고리즘 대회 (출처: https://www.acmicpc.net/spc)

예를 들어 2018년 서강대학교에서 실시한 고등학생 알고리즘 대회의 경우, 입상 시(장려상 이상) 대학의 실기 우수자 전형에서 가점을 부과하는 식으로 혜택을 제공하고 있습니다. 또한 국민대학교에서 시행하는 대회의 경우, 특기자전형에 지원 기회를 부여하며 이를 통해 입학 시 4년간 장학금을 지급하기도 합니다. 이 외에도 세종대학교, 동국대학교, 숭실대학교 등 국내 다양한 대학에서 소프트웨어에 특화된 학생을 뽑는 데 집중하고 있습니다.

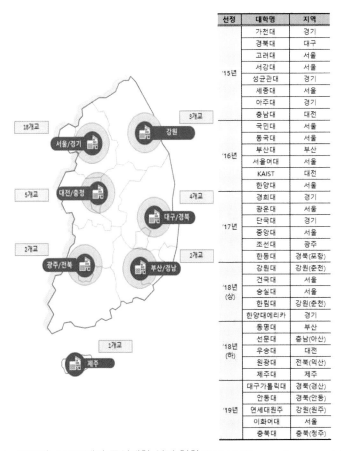

선정	대학명	지역
'15년	가천대	경기
	경북대	대구
	고려대	서울
	서강대	서울
	성균관대	경기
	세종대	서울
	아주대	경기
	충남대	대전
'16년	국민대	서울
	동국대	서울
	부산대	부산
	서울여대	서울
	KAIST	대전
	한양대	서울
'17년	경희대	경기
	광운대	서울
	단국대	경기
	중앙대	서울
	조선대	광주
	한동대	경북(포항)
'18년 (상)	강원대	강원(춘천)
	건국대	서울
	숭실대	서울
	한림대	강원(춘천)
	한양대에리카	경기
'18년 (하)	동명대	부산
	선문대	충남(아산)
	우송대	대전
	원광대	전북(익산)
	제주대	제주
'19년	대구가톨릭대	경북(경산)
	안동대	경북(안동)
	연세대원주	강원(원주)
	이화여대	서울
	충북대	충북(청주)

▶ 2019년 소프트웨어 중심대학 선정 현황 (출처: http://www.makernews.co.kr)

위 이미지는 2019년 기준 소프트웨어 중심 대학으로 참여한 대학 목록입니다. 향후 이 목록은 점차 확대될 수밖에 없는 흐름입니다. 미리 준비하고 미리 시도하는 사람은 반드시 다디단 열매를 수확할 수 있을 것입니다.

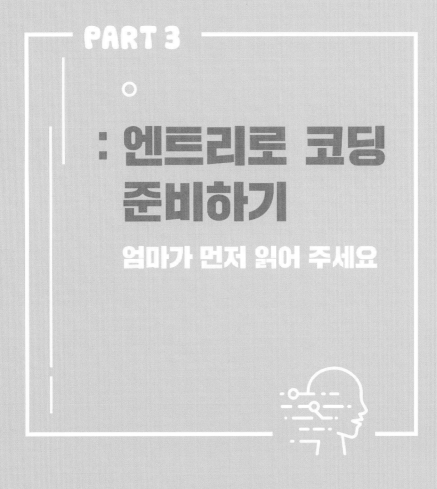

PART 3

: 엔트리로 코딩 준비하기

엄마가 먼저 읽어 주세요

"이 나라의 모두가 컴퓨터 프로그래밍하는 법을 배워야 한다.
왜냐하면, 프로그래밍은 바로 생각하는 방법을 가르쳐 주기 때문이다."
—스티브잡스—

코딩에는 정답이 없습니다. 아이들은 자신만의 방법으로 문제를 해결하고 다양한 결과물을
보여 줍니다. 이제 막 초등학교 저학년을 벗어난 아이들이 생각지도 못한 방법으로
결과물을 만들어내거나 창의성이 돋보이는 작품을 만들어낼 때면 깜짝 놀랄 때가 많습니다.
엔트리는 아이들이 다양한 문제 해결력과 자신만의 스토리를 구성할 수 있는 능력을 갖추게
도와줄 가장 쉽고 강력한 도구 중 하나입니다.

CHAPTER 1
: 엔트리 소개: 엔트리란?

코딩 교육에 관심 있는 부모님이라면 '엔트리(Entry)'라는 도구를 한 번쯤 들어 보셨을 것입니다. 이제 본 장에서는 블록 코딩의 대표 도구인 엔트리를 활용하는 방법을 집중적으로 다뤄 보려고 합니다.

엔트리란 PART 2의 CHAPTER 6에서 잠깐 언급한 바와 같이 누구나 무료로 소프트웨어를 배우고 가르칠 수 있는 코딩 학습 플랫폼입니다. 실제 프로그래머라면 프로그래밍 언어를 직접 텍스트로 입력해 코드를 작성합니다. 엔트리와 같은 블록 기반 프로그래밍 언어는 어려운 프로그래밍 언어를 몰라도 마우스로 드래그 & 드롭(Drag & Drop) 방식으로 블록을 조립해 프로그램을 만들 수 있습니다.

```
def add5(x):
    return x+5

def dotwrite(ast):
    nodename = getNodename()
    label=symbol.sym_name.get(int(ast[0]),ast[0])
    print '    %s [label="%s' % (nodename, label),
    if isinstance(ast[1], str):
        if ast[1].strip():
            print '= %s"];' % ast[1]
        else:
            print '"]
    else:
        print '"];'
        children = []
        for in n, childenumerate(ast[1:]):
            children.append(dotwrite(child))
        print ,'    %s -> {' % nodename
        for in :namechildren
            print '%s' % name,
```

▶ 프로그래밍 언어로 작성한 코드 예

▶ 블록 기반 엔트리로 작성한 코드 예

일단 색깔부터 알록달록하고 보기 좋지요? 전통적인 방식의 프로그래밍은 지루한 언어로 코드를 작성한 다음, 컴퓨터가 알아들을 수 있는 언어로 변환하고 실행 과정을 거쳐야 결과를 확인할 수 있습니다. 보다 복잡한 프로그램을 작성할 수는 있지만 바로 눈에 보이는 결과를 만들어내기엔 좀 어렵지요. 하지만 엔트리는 다릅니다. 바로 실행 결과를 확인할 수도 있고, 코드 작성 방식도 마우스만 있으면 가능하기에 매우 쉽지요.

엔트리의 기본 화면은 아래와 같습니다.

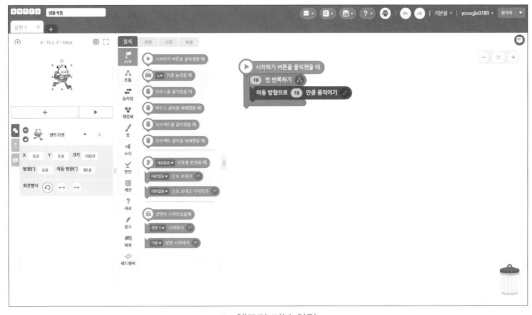

▶ 엔트리 기본 화면

가장 왼쪽이 실행 화면이고, 가운데가 코딩 블록 모음, 오른쪽이 내가 작성하는 코드를 놓는 작업판입니다. 즉, 가운데 코딩 블록 모음에서 하나를 선택해 마우스로 가져와 오른쪽 작업판에 떨어뜨려 기존 블록과 연결하는 방식으로 코딩이 이루어집니다.

자세한 화면 설명 및 코드 조합은 추후 설명하겠습니다. 먼저 엔트리 사이트에 회원가입하고 코딩을 할 수 있는 준비를 해야 합니다.

여기서 잠깐!

엔트리는 인터넷 연결만 되어 있다면 웹 브라우저를 통해 이용할 수 있습니다. 다만, 인터넷 익스플로러의 경우 버전 10 이상인 브라우저여야 하며, 크롬 브라우저에 최적화되어 있습니다. 크롬 브라우저를 다운로드받고 싶다면 아래 링크로 이동하면 됩니다.

※ 최신 버전 크롬 다운받기: https://www.google.com/chrome/

엔트리는 14세 미만도 부모님의 동의 없이 회원가입할 수 있으며, 학습을 위해서는 학생으로 가입합니다. 교사로 가입하면 학급을 직접 개설하거나 강의를 올릴 수 있습니다.

CHAPTER 2

: 엔트리 방문하기

이제 엔트리를 직접 사용해 보겠습니다. 엔트리 사이트로 이동할 수 있는 방법은 두 가지입니다. 첫 번째는 네이버 홈에 직접 '엔트리'를 입력해 그 결과를 클릭하는 것입니다.

▶ 엔트리 찾아가기

두 번째 방법으로, 아래 주소를 직접 인터넷 주소창에 입력해 엔트리 홈페이지로 이동할 수 있습니다.

* 엔트리 주소: https://playentry.org

▶ 엔트리 홈페이지

짠~ 이제 우리는 엔트리 홈페이지를 방문했습니다. 엔트리가 처음이라면 회원가입을 먼저 진행해야 합니다. 화면 상단 오른쪽의 회원가입 버튼을 눌러 회원가입 팝업을 실행합니다. 여기에서 '학생'이 선택된 것을 먼저 확인해야 합니다. 이후 화면에서 지시하는 것에 따라 아이디와 비밀번호를 포함한 정보를 입력하면, 회원가입이 완료됩니다.

▶ 회원가입 정보 입력

회원가입을 마쳤으니, 먼저 메인 메뉴의 구성을 살펴보겠습니다. 메뉴는 크게 총 4가지로 구성되어 있네요. 초반에는 '학습하기' 메뉴에서 간단한 온라인 교육을 받고 '만들기'와 '공유하기'를 통해 코딩 후 작품을 온라인에 공유합니다. 만약 궁금한 점이나 나누고 싶은 이야기가 있다면 '커뮤니티' 메뉴를 활용하면 됩니다.

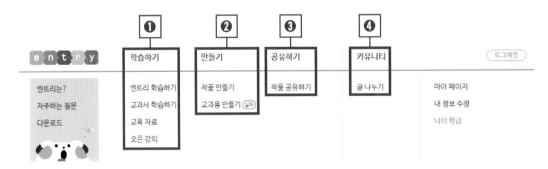

▶ 엔트리 홈페이지 메뉴

각 메뉴에 대해 간단히 살펴보겠습니다.

❶ **학습하기** 엔트리에서 제공하는 무료 강의 모음으로, 초보부터 중급까지 참고할 만한 유용한 강의가 많으므로 처음에는 꼭 방문해서 따라 해 보길 권유합니다. 만약 '선생님' 권한으로 회원가입을 했다면 여기에 직접 제작한 강의 자료들을 업로드할 수도 있습니다. '엔트리 학습하기' 메뉴에는 엔트리에서 제공하는 다양한 학습 콘텐츠가, '교육 자료' 메뉴에는 각종 엔트리 교재와 수업 자료가 있습니다. '오픈 강의' 메뉴는 선생님들이 만든 강의를 볼 수 있습니다.

❷ **만들기** '작품 만들기' 메뉴에서는 실제로 코딩을 수행할 수 있도록 코딩 블록 모음과 실행 화면, 작업판 등으로 구성된 화면을 제공합니다. '교과용 만들기' 메뉴는 실과 교과서로 소프트웨어를 배울 때 필요한 기능만을 제공하므로 일반적으로는 더 많은 기능을 사용할 수 있는 '작품 만들기' 메뉴를 활용합니다.

❸ **공유하기** 다른 사람들에게 내가 만든 작품을 공유하고, 다른 사람들이 만든 작품을 확인하는 메뉴입니다. 다른 사람들이 만든 작품을 벤치마크하는 것은 실력 향상을 위해 아주 좋은 습관입니다.

❹ **커뮤니티** 엔트리에서 운영하는 자유 게시판으로, 일반적인 대화 혹은 궁금한 점들을 물어볼 수 있습니다.

우리는 엔트리 코딩을 위해 '만들기' 메뉴를 주로 사용할 것입니다. 만약 인터넷 연결이 원활하지 않다면 오프라인 버전(컴퓨터에 직접 설치하는)을 다운로드받을 수도 있습니다. 본 책에서는 인터넷 브라우저상에서 코딩하는 것을 기본으로 하겠습니다.

여기서 잠깐!

오프라인 엔트리는 '다운로드' 메뉴에서 무료로 받을 수 있습니다. 별도의 웹 브라우저가 필요 없으며 인터넷 연결 없이도 사용 가능합니다. 설치를 위한 최소 요구 사양은 아래와 같습니다.

1. 디스크 여유 공간 1GB 이상
2. 윈도우7 혹은 맥 OS 10.8 이상

자, 회원가입까지 성공적으로 마쳤으니 이번에는 '만들기' 메뉴를 클릭해 봅니다. 앞으로의 모든 코딩 활동이 이 화면에서 이루어질 예정입니다. 매우 중요한 화면이므로 각각의 버튼 및 메뉴가 어떤 기능을 하는지 한번 살펴보겠습니다.

2.1 메뉴 구성

먼저 메뉴 구성부터 살펴보겠습니다. 메뉴만 분리해서 보면 아래와 같습니다.

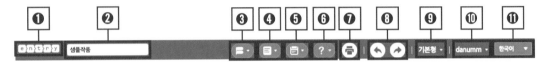

❶ **메인 페이지** 엔트리의 메인 화면으로 이동하는 버튼입니다.

❷ **이름** 엔트리를 실행하면 자동으로 이름이 생성되며(대단한 작품, 큰 작품 등) 마우스를 작품의 이름 위에 올리면 직접 이름을 변경할 수 있습니다.

❸ **모드 변경** 기본적으로 엔트리 블록 코딩으로 설정되어 있으며, 고학년의 경우 엔트리 파이썬으로 모드를 변경해 코딩할 수 있습니다.

❹ **새로 만들기** 작품을 새로 만들거나 기존에 저장한 작품을 불러올 수 있습니다.

❺ **저장** 현재 만든 작품을 저장할 수 있으며, 현재 지정된 이름이 아닌 다른 이름으로 저장할 수도 있습니다.

❻ **도움말** 각각의 코딩 블록이 무엇을 의도하는지 알 수 없을 때 이 버튼을 클릭하여 해당 코딩 블록의 설명을 확인할 수 있습니다. 또한 하드웨어 연결 안내 파일을 받을 수도 있어 좀 더 고난도 구현 시 유용합니다. '블록 도움말'을 선택하면 내가 선택한 블록에 대한 설명을 오브젝트 목록 창에서 확인할 수 있습니다.

❼ **프린트** 작품을 만들면서 사용한 장면과 코딩 블록을 일목요연하게 정리해 프린트할 수 있는 화면을 만들어 줍니다.

❽ **이전 작업 / 다음 작업** 작업을 하다 보면 실수로 구현을 잘못하거나 코딩 블록이 지워지는 등의 상황이 발생해 이전 단계로 다시 돌아가고 싶을 때가 있습니다. 이럴 때 이전 단계로 돌아가거나 다음 단계로 이동하는 등의 작업으로 코딩 블록을 복구할 수 있습니다.

❾ **작업 형태** 일반적으로 엔트리 코딩은 '기본형'으로 작업합니다. 다만 학교에서 교육 목적으로 진행하는 등의 경우, 일부 제한된 코딩 블록만 노출시킵니다. 그럴 때 이 메뉴를 통해 모드를 변경할 수 있습니다.

❿ **계정 정보** 이 메뉴에서 내 계정으로 저장한 이전 작품을 조회해 볼 수도 있고 내 개인 계정 정보를 수정하거나 로그아웃할 수도 있습니다.

⓫ **언어 변경** 현재 사용 가능한 언어는 한국어, 영어, 일본어, 베트남어입니다.

2.2 만들기 화면 구성

만들기 화면은 다음과 같이 구성됩니다.

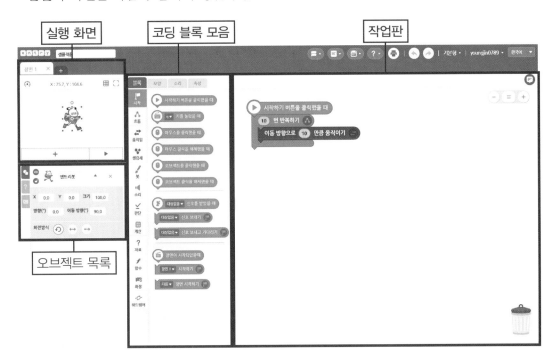

1. 실행 화면

먼저 실행 화면 구성부터 살펴보겠습니다. 실행 화면은 다음과 같이 장면 탭을 포함하고 있으며, 속도를 조절하거나 모눈종이 눈금을 표시하는 등의 기능을 가지고 있습니다.

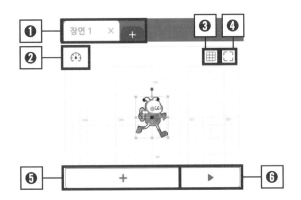

❶ **장면** 엔트리 프로그램은 여러 장면으로 구성됩니다. 드라마가 여러 씬(Scene)으로 구성되는 것과 유사한 개념입니다. 프로젝트 생성 시 기본으로 [장면 1]이 생성되며, '+' 버튼으로 장면을 추가하거나 'X' 버튼으로 장면을 삭제할 수도 있습니다. 이름 변경은 마우스로 이름을 클릭하면 가능합니다.

❷ **속도 조절** 아이콘을 클릭하면 속도 값을 조절할 수 있는 슬라이드 바가 나타납니다. 화면 속도는 1~5까지 다섯 단계로 조절할 수 있고 오른쪽으로 갈수록 속도가 빨라집니다.

❸ **좌표 표시** 화면에 모눈종이 같은 배경을 보임으로써 오브젝트의 위치를 보다 정확하게 파악하고, 동선을 확인할 수 있습니다. 기본적으로 다음과 같은 x, y축 개념을 사용합니다. 실행 화면은 아래와 같이 x축(가로축) 방향으로 −240~240, y축(세로축) 방향으로 −135~135로 이루어져 있습니다.

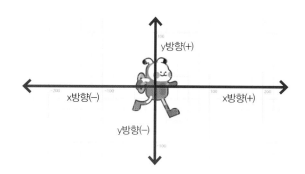

❹ **전체 화면** 실행되는 화면을 전체 화면으로 크게 확대해서 볼 수 있습니다.

❺ **오브젝트 추가** 캐릭터, 배경, 글자 등 새로운 오브젝트를 추가할 때 사용합니다.

❻ **실행** 작업판에서 구성한 블록 모음을 직접 실행해 볼 수 있습니다.

2. 오브젝트 목록

하나의 장면을 구성하는 오브젝트 목록입니다. 각 이름 옆에는 이름을 편집할 수 있는 버튼과 오브젝트를 삭제할 수 있는 버튼이 있습니다.

3. 코딩 블록 모음

코딩 블록 모음은 엔트리에서 제공하는 코딩 블록 및 요소들을 모아 놓은 곳입니다. 기본적으로 블록 모음은 블록, 모양, 소리, 속성 4가지 탭으로 구성됩니다.

❶ **블록** 엔트리 오브젝트가 움직이게 하거나 말하게 하는 등 주요 기능을 담당하는 블록들이 모여 있습니다. 기능의 분류에 따라 시작, 흐름 등 세부 탭이 제공되므로, 원하는 블록을 찾기는 어렵지 않습니다. 코딩을 시작하기 전 세로 탭을 직접 클릭해 보며 미리 어떤 블록들이 있는지 알아 두면, 알고리즘을 쉽게 구상할 수 있습니다.

❷ **모양** 하나의 오브젝트는 여러 개의 모양으로 구성됩니다. 예를 들어 여자아이 오브젝트라면 오브젝트가 왼발을 내밀고 있는 모습, 오른발을 내밀고 있는 모습 등 조금씩 변화된 모양을 함께 가지고 있습니다. 이를 이용해 걷거나 뛰는 듯한 느낌을 줄 수 있습니다. 추후 실습 과정에서 모양 탭을 통해 오브젝트의 여러 모양을 관리하는 방법도 살펴볼 것입니다.

❸ **소리** 오브젝트가 어떤 행동을 할 때 소리 효과를 내고 싶을 때, 배경 음악을 깔고 싶을 때 등 소리를 활용한 다양한 시나리오를 구현하고 싶을 때 사용합니다. 직접 소리를 추가할 수도 있고 들어볼 수도 있습니다.

❹ **속성** 신호, 변수, 리스트, 함수 등 고급 기능을 학습할 때 사용합니다.

4. 작업판

작업판은 직접 코딩 블록을 끌어와 조립함으로써 최종 코드를 구현하는 화면입니다. 코드란 이렇게 모인 코딩 블록 묶음을 지칭합니다.

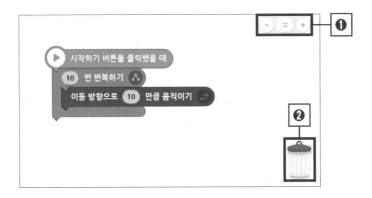

❶ **확대/축소** 블록과 작업판을 필요에 따라 확대 및 축소할 수 있습니다.

❷ **휴지통** 작업 중 필요 없는 코딩 블록은 휴지통에 드래그 앤 드롭하여 버리면 됩니다.

CHAPTER 3

: 엔트리 사용해 보기

이제 엔트리를 살짝 맛보기 해 보겠습니다. 엔트리 프로젝트를 시작하고 나면 기본 작업판에는 다음과 같은 코드가 작성되어 있습니다. 이를 직접 실행해 보겠습니다.

자, 어떤가요? 엔트리봇이 앞으로 움직이지요? 어떻게 이런 결과가 가능할까요?

로봇이 앞으로 이동하는 이유는 아래와 같이 행동이 코딩되었기 때문입니다.

1. '시작하기' 버튼이 눌리면

2. 이동 방향으로 10만큼 움직인다.

3. 2의 과정을 10번 반복한다.

'이동 방향으로 10만큼 움직이기' 기능은 단 1회만 수행되는 블록입니다. 만약 10보다 더 많은 거리를 이동하고 싶다면 10 대신 100과 같은 숫자를 직접 입력하면 됩니다. 하지만 이 코드에서는 100이라는 숫자를 입력하는 대신, 2의 과정을 10번 반복하는 코드를 작성했습니다. 그 이유는 무엇일까요?

100이라는 숫자 대신 10이라는 숫자를 사용하고 이 블록을 '반복' 블록으로 감싼 이유는 추후 2의 코드를 좀 더 확장할 수 있는 여지를 남겨 놓을 수 있기 때문입니다. 예를 들어 2의 동작이 아래와 같이 확장된다면, 실제로 걷는 모양을 표현하는 구현이 가능해집니다.

1. '시작하기' 버튼이 눌리면

2-1. 왼발을 내민다.

2-2. 이동 방향으로 10만큼 움직인다.

2-3. 오른발을 내민다.

2-4. 이동 방향으로 10만큼 움직인다.

3. 2-1~2-4의 과정을 10번 반복한다.

자, 위 샘플 예제를 통해 '순차'와 '반복'을 대략 확인해 보았습니다. 그렇다면 또 다른 대표적인 알고리즘인 '조건'은 어떻게 구현하는 것이 좋을까요?

블록 모음 중 [흐름] 메뉴를 클릭해 보면 조건과 관련된 코딩 블록이 아래처럼 다양하게 나타납니다. 조건을 구현하는 것은 조금 까다롭게 변수를 설정하는 과정이 필요하므로 이 장에서는 대표적인 블록들만 눈으로 익히고 추후 실습 과정에서 따라 하며 학습해 보겠습니다. 조건과 관련된 블록은 다른 블록과 달리 위아래로 블록을 감싸는 모양으로 만들어져 있습니다.

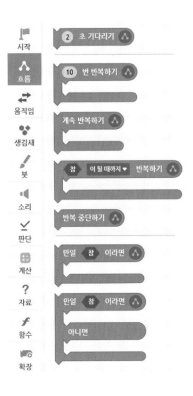

CHAPTER 4
: 엔트리 코딩 준비하기

자, 이제 엔트리로 무언가를 만들어 볼 준비가 되었나요? 초반에 말한 것처럼 코딩 교육의 목적은 단순히 코딩을 해 보는 것에서 그치는 것이 아니라 컴퓨팅 사고력을 키우는 것입니다. 엔트리를 얼마나 잘 다룰 수 있는지는 그다지 중요하지 않습니다. 코딩에 접근하고 표현하는 방법과 이것을 실제 결과물로 만들어내는 전체적인 과정에 집중해야 합니다.

실제로 현업에서 코딩을 하는 개발자에게도 요구 사항 수집, 분석 및 설계, 디자인 단계는 매우 중요합니다. 어떨 때는 프로그램을 실제로 코딩하는 데 소요되는 시간보다 배로 걸리기도 합니다. 그만큼 유기적으로 동작하는 각 단계가 갖는 의미는 매우 큽니다.

일반적인 개발 프로세스는 다음과 같이 4단계에 걸쳐 이루어집니다. 만약 개발 프로세스에 대한 이해 없이 코딩만 진행한다면 단순히 코딩 결과만 확인하고 끝나는 수준으로 흥미는 유발할 수 있으나 컴퓨팅 사고력 증진에는 큰 도움이 되지 못합니다. 따라서 코딩을 진행하면서 각 단계를 꼭 염두에 두어야 합니다. 본 책에서는 각 단계에서 활용하기 쉬운 도구들을 함께 설명하겠습니다.

❶ **요구 사항 수집, 분석** 어떤 기능을 하고 어떤 문제를 해결하는 프로그램을 만들 것인지를 고민하는 단계입니다. 주요 시나리오를 생각하고 이를 위해 어떤 기능을 만들지를 구상합니다.
  - **도구** 포스트잇, 볼펜
  - **방법** 주로 아이디어 회의를 하듯 활동이 이루어지기 때문에 나중에 내용을 잊어버리지 않도록 마인드맵이나 포스트잇 등을 활용해 생각나는 기능을 적어 벽에 붙여 봅

니다. 먼저 구현해야 하는 요구 사항을 번호로 순위를 매기거나 중요도별로 색깔 스티커를 붙여 정리합니다.

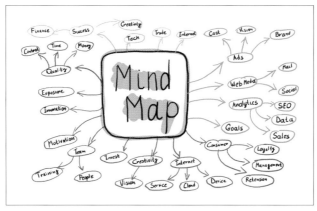

▶ 마인드맵으로 아이디어를 표현하는 예

▶ 포스트잇으로 아이디어 회의하는 과정 (출처: http://www.iacquire.com/blog)

❷ **설계, 디자인** 1단계 활동의 결과물을 좀 더 상세화하는 단계입니다. 1단계에서 우선으로 선택된 기능들에 대해 기본 알고리즘인 순차, 반복, 조건을 고려해 어떻게 구현하면 될지 고민해 봅니다. 설계는 단지 제대로 된 구현물을 만들어내기 위해 체계적으로 생각하는 과정이므로, 설계 문서를 너무 완벽하게 만들기 위해 시간을 쏟을 필요는 없습니다.

- **도구** 연필/펜 혹은 파워포인트 프로그램
- **방법** 직접 기능을 적어 보고 화살표 등으로 순서, 반복 등을 표현합니다. 표현하는 방법은 아이와 임의로 결정하면 됩니다. 참고로 현업에서는 다음 그림과 같이 세모, 네모, 동그라미 등으로 행위, 조건 등을 정의하고 화살표로 순서, 반복 등을 표현합니다.

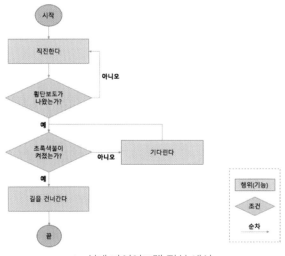

▶ 설계 다이어그램 작성 예시

❸ **개발(코딩)** 실제로 프로그램을 만들어 보는 단계입니다. 이 책에서는 엔트리로 실습할 예정이며, C, Java, 파이썬 등 고급 언어를 활용할 수도 있습니다. 특히 파이썬의 경우 엔트리에서도 지원하므로 고학년 자녀를 둔 부모라면 단계적으로 학습할 수 있도록 지도해 보시기 바랍니다.

　– **도구** 엔트리, 스크래치, 파이썬 등 프로그래밍 언어와 실행 환경(컴퓨터)
　– **방법** 언어별 실행 환경에 맞게 구현합니다.

❹ **테스팅** 의도한 대로 제대로 프로그램이 만들어졌는지, 프로그램 동작에 오류가 있지는 않은지 실제로 테스트해 보는 단계입니다. 의도대로 만들어지지 않았다면 요구 사항 분석 혹은 설계 단계부터 다시 시작하는 경우도 있으며, 간단한 오류라면 코딩 내용을 약간만 손보는 정도로도 가능합니다. 제대로 프로그램이 동작하지 않는 경우가 있다면 처음부터 차근차근 순서대로 따라가며 문제를 발견하는 디버깅(Debugging) 활동을 통해 해결하면 됩니다.

　– **도구** 엔트리, 스크래치, 파이썬 등 프로그래밍 언어와 실행 환경(컴퓨터)
　– **방법** 처음부터 순서대로 동작을 체크해 가며 처음 설계대로 제대로 동작하는지 확인합니다. 정상적인 입력뿐 아니라 예상치 못한 입력에도 정상적으로 동작하는지 확인해야 합니다.

4.1 코딩 1단계 - 마인드맵

1. 마인드맵 개요

몇 년 전까지만 해도 마인드맵(Mindmap)을 활용한 아이디어 확장 방법은 대부분의 사람들이 생소하게 생각했습니다. 하지만 최근에는 다양한 교육기관에서 '생각하기'를 중요시하면서 그 방법론으로 가장 많이 활용하는 도구가 바로 마인드맵입니다.

마인드맵이란 그 이름에서 보듯이, 자신의 마음속에 들어있는 생각을 마치 지도를 그리듯이 표현해 보는 것입니다. 여태까지 배웠던 내용이나 어떤 생각을 정리하기 위해 동그라미와 선으로 관계를 표시해 나가면서 정리하는 기법이지요. 기본적으로 마인드맵은 계층 구조이며 전체의 조각들(동그라미로 표현되는)간 관계를 선으로 표현합니다.

모두가 잘 아는 빌 게이츠도 마인드맵을 합니다. 잭 캔필드, 디팩 초프라, 앨 고어 역시 마찬가지입니다. 레오나르도 다빈치는 역사상 가장 유명한 마인드맵 추종자입니다. 다빈치 특유의 시각적 메모 습관은 그의 공책에 아주 잘 정리되어 있지요. 실제로 마인드맵의 개발자인 영국의 토니 부잔은 다빈치의 노트를 보고 그의 메모법에서 영감을 얻었다고 합니다. 어쩌면 우리 아이들은 마인드맵에 이미 익숙해져 있을지 모르지만, 조금은 생소할 수 있는 부모님들을 위해 마인드맵에 대해 약간의 설명을 첨부해 보겠습니다.

앞서 설명한 바와 같이 마인드맵을 활용한 교육은 우리나라에서는 적용하기 시작한 지 얼마 되지 않았지만, 전 세계적으로 오래전부터 많은 사람의 주목을 받아온 창의적 사고 방법입니다. 마인드맵은 단순히 머릿속의 복잡한 생각을 정리할 때나 브레인스토밍이 필요할 때 시각적으로 분석할 수 있는 방법을 제시합니다. 그렇기 때문에, 단순히 생각을 말로 정리하거나 일련의 항목을 만들어 정리할 때보다 창의적으로 문제를 해결할 수 있습니다.

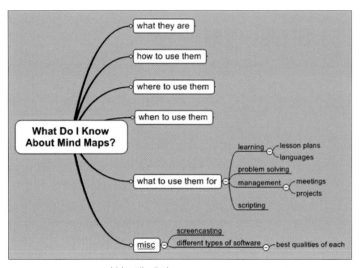

▶ 마인드맵 예시 (출처: www.wishket.com)

마인드맵은 사고가 자연스럽게 뻗어 나갈 수 있도록 자극하는데, 이는 리스트를 나열하여 생각을 정리하는 것보다 훨씬 더 자연스러운 사고방식입니다. 기존의 리스트 형태로 나열하는 정리 방식에는 여러 가지 한계가 있을 수밖에 없습니다. 어떤 키워드가 중요한지, 어떤 맥락의 흐름이 중요한지 강조가 되지 못하고, 그로 인해 사고한 내용의 일부는 잃어버리게 됩니다. 하지만 마인드맵은 유기적으로 연결되는 일련의 생각을 키워드와 맥락의 흐름으로 훌륭하게 상기시켜 줍니다.

마인드맵의 시작은 맵의 중앙에 위치하는 이미지 또는 텍스트입니다. 여기서부터 자유로운 연결을 시작해 바깥으로 가치를 치고, 거기서 또다시 아이디어 가지를 나누고, 이런 식으로 반복합니다. 마인드맵을 그릴 때는 다음과 같은 3가지 중요한 특징만 기억하면 됩니다.

❶ 중심 주제

모든 마인드맵은 하나의 커다란 중심 주제에서 구체화됩니다. 하나의 중심 주제는 우리가 한 가지 내용에 집중할 수 있게 하고 사고의 흐름에 따라 자연스럽게 뻗어 나가게 됩니다.

❷ 키워드와 가지

마인드맵은 글로 작성되는 것이 아니라 키워드로 표현됩니다. 주제에 대한 주요 테마는 중심 이미지에서 나뭇가지처럼 방사상으로 뻗어 나가고, 주가지와 곁가지로 뻗어 나갈 때 키워드나 그림, 사진 등이 사용됩니다. 이때 덜 중요한 주제는 하위 가지로 연결하여 표현합니다. 가지는 마디마다 서로 연결된 구조를 가집니다. 이 가지는 직선보다는 곡선으로 그리는 것이 우뇌 친화적이며 더 인간적입니다.

❸ 시각화

마인드맵의 효과를 극대화하는 건 시각적인 표현입니다. 훌륭한 마인드맵퍼들은 단순한 단어의 나열보다는 다양한 색상과 그림으로 많은 정보와 느낌을 표현합니다. 단순히 낙서처럼 보이겠지만 이를 통해 기억력의 저장 능력과 회상 능력을 높일 수 있고 두뇌의 긴장 완화를 도와줍니다.

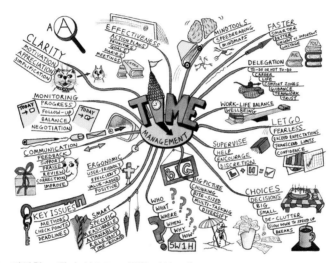

▶ 다양한 그림과 선으로 표현한 마인드맵 (출처: https://www.northeastern.edu)

마인드맵은 보통 손으로 표현하기도 하지만 최근에는 컴퓨터에서 사용할 수 있는 무료 사이트 혹은 모바일 앱이 있습니다. 물론 디지털 버전이 수정이나 삭제가 더 쉽다는 장점이 있지만 아이가 어리다면 좀 더 다양한 표현을 위해 연필과 색연필을 통해 직접 손으로 표현해 보는 것을 추천합니다.

마인드맵에도 단점은 있습니다. 처음에는 '발산 사고' 중심으로 생각을 무한대로 확장해 나갈 수 있기 때문에 시간이 많이 들 수 있고, 실수를 하면 나중에 수습하기가 힘들어지기도 합니다. 하지만 이 문제는 마인드맵을 많이 그릴수록 생각하는 방법을 정리하는 '수렴 사고' 과정을 익숙하게 만들기 때문에 시간이 지날수록 좋아질 것입니다. 처음에는 실패를 많이 겪을 수 있지만 무조건 많이 시작해 보시기 바랍니다.

▶ 마인드맵의 발산 및 수렴

2. 마인드맵 적용

앞에서 마인드맵에 대해 충분히 설명했고, 이제는 이 마인드맵을 어떻게 활용해 볼지 고민해 보겠습니다. 마인드맵에 익숙하다면 아이가 원하는 대로 창의적으로 그리도록 두시기 바랍니다. 만약 아직 마인드맵에 익숙해지는 중이라면 아래와 같은 틀을 기반으로 아이디어를 표현할 수 있게 도와주시기 바랍니다. 아래 마인드맵 템플릿은 앞으로 나올 실습 예제에서도 활용될 예정입니다.

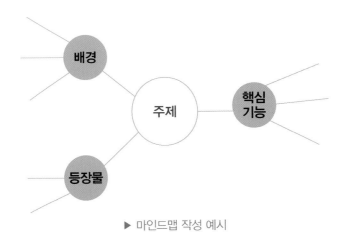

▶ 마인드맵 작성 예시

❶ **배경** 디자인적 요소에 대해 고민해 봅니다. 설사 엔트리로 다 표현이 안 되더라도 직접 디자인 요소를 상상해 보는 것은 아주 좋은 과정입니다. 전문 용어로 톤 & 매너(Tone & Manner)를 결정하는 과정으로, 디자인과 관련된 크레이티브 과정에서 필수적으로 거치

는 단계입니다. 실제로 현업에서는 작업물에 대한 색감이나 특징, 성격 등 조금 더 추상화된 표현들을 사용하지만 책에서는 조금 더 실체적인 내용인 배경 이미지를 결정한다고 생각하면 됩니다. 완성된 화면이 어떤 그림일지 직접 그려 보는 것도 좋습니다.

❷ **등장물** 화면에 표현될 오브젝트에 대해 생각해 봅니다. 이 역시 엔트리에 포함되어 있지 않은 오브젝트라 하더라도 최소한 비슷한 것으로 대체하거나 직접 그리고 추가하는 것도 가능하므로 자유롭게 상상하게 하시기 바랍니다. 예를 들어 구름, 건물, 책상, 의자와 같은 일반 사물이나 고양이, 강아지, 사람과 같은 움직이는 동물을 포함시킬 수 있습니다.

❸ **핵심 기능** 등장물이 어떻게 동작하는지에 대한 기능을 간단히 설명합니다. 여기 발산된 주요 기능들을 나중에 알고리즘으로 구체화해 구현하게 될 것입니다.

4.2 코딩 2단계 – 설계하기

이 책에서는 알고리즘을 표현하는 설계 방법으로 아래와 같이 표 방식을 제안합니다. 아이들이 주요 화면에 대해 그림을 직접 손으로 그려가면서 등장물, 등장물의 상호작용 혹은 움직임을 직접 작성해 보도록 합니다.

등장물	알고리즘
배경	
화면	

▶ 화면 단위로 알고리즘 설계하기

사실 설계에는 정답이 없으며, 여러 번 프로그램을 구현하는 과정을 반복하다 보면 조금 더 나은 모양의 설계가 도출될 수는 있습니다. 물론 일반적으로 '좋다'고 말할 수 있는 수준의 설계들이 존재는 합니다. 하지만 그렇다고 해서 꼭 좋은 프로그램이 만들어진다고 말할 수는 없습니다. '좋은 프로그램'의 기준이 매번 다를 수 있기 때문이며, 어떨 때는 빠른 프로그램이, 어떨 때는 오류가 없는 프로그램이 좋은 프로그램이기 때문입니다. 지금은 더 잘 설계하기 위해, 프로그램을 더 잘 만들기 위해 노력할 필요는 없습니다. 다양하게 내 머릿속에서 상상한 아이디어를 프로그램으로 구현하는 데 초점을 맞추도록 합니다.

초반에는 앞서 마인드맵에서 대부분 생각했던 내용인 등장물과 배경, 그리고 완성 화면에 대한 상상 이미지를 첨부합니다. 추후 엔트리에서 사용 가능한 오브젝트와 배경 등을 확인하면서 조금씩 내용이 변경될 수 있습니다.

이 절에서 가장 중요한 것은 알고리즘을 표현하는 방법입니다. '걷는다'는 기능을 표현할 때 단순히 '걷는다'로 끝낼 수 있지만 '왼발을 내민다', '오른발을 내민다'와 같이 좀 더 세분화시켜 기능을 생각할 수도 있습니다. 어느 정도 수준까지 상세화시켜야 하느냐는 구현을 담당할 언어의 특성에 따라, 그리고 구현에 변경 요소가 존재하는지에 따라 달라집니다. 예를 들어 엔트리 언어의 경우 '걷는다'는 블록은 존재하지 않기 때문에 다음과 같이 여러 블록으로 쪼개 알고리즘을 생각해야 합니다.

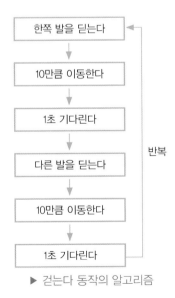

▶ 걷는다 동작의 알고리즘

중간에 1초씩 기다리는 이유는 그렇게 하지 않으면 화면상 발이 바뀌면서 걷는 모양이 아예 보이지 않기 때문입니다. 컴퓨터의 속도는 놀랄 만큼 빨라서 위와 같이 여러 개의 블록을 0.1초도 되기 전에 실행을 마쳐 버리기 때문에, 순식간에 앞으로 이동한 모습만 보일 뿐 걸어가는 과정에서 발을 내딛는 등의 애니메이션 효과는 볼 수 없습니다.

이와 같이 알고리즘이란, 인간의 사고로 생각한 내용을 컴퓨터가 이해할 수 있는 사고로 변환해 주는 과정이라고 생각하면 됩니다. 앞에서부터 계속해서 반복하는 내용과 같이 순차와 조건, 반복에 기반해 어떻게 컴퓨터의 사고로 바꿔 줄 것인지에 대해 생각해야 합니다.

일반적으로 알고리즘은 다음과 같은 표현을 사용합니다. 순서도라고도 하며 순차적으로 어떤 일이 실행되는지를 약속된 기호로 표현하는 것입니다. 정의하는 단체에 따라 조금씩 달라질 수는 있으며 이 책에서는 다음 기호를 중심으로 사용하겠습니다.

기호	명칭	사용 용도
시작	시작점	알고리즘 시작을 표시한다.
종료	종료점	알고리즘의 끝을 표시한다.
↓	순차(흐름)	행위의 흐름을 연결한다.
▭	행위(기능)	오브젝트의 기능 및 동작을 표시한다.
◇	조건	조건이 참이면 '예' 흐름으로, 거짓이면 '아니오' 흐름으로 이동한다.

4.3 코딩 3단계 – 실행하기

엔트리에서 코딩 블록을 실행하는 방법은 어렵지 않습니다. 앞서 화면 설명 시 소개한 실행 화면에서 '실행' 버튼을 클릭해 주기만 하면 됩니다.

클릭

4.4 코딩 4단계 – 테스트 및 디버깅하기

테스팅과 디버깅은 프로그램을 만들고 제대로 동작이 잘 되는지를 확인하는 단계입니다. 테스팅은 간단해 보이지만 사실 테스팅 분야는 학계에서 전문 분야로 아예 분류될 만큼 매우 중요하기도 하고 공부해야 할 범위도 넓습니다. 테스팅과 디버깅은 비슷하면서도 아주 약간 다른 활동이지만, 프로그램이 제대로 동작하도록 하기 위한 목적은 같습니다. 테스팅과 디버깅을 굳이 구분하자면 다음과 같은 차이점이 있습니다.

- **테스팅** 문제를 발견하기 위한 활동. 문제를 발견하기 위해 프로그램을 실행해 보는 것을 포함해 기호 문자 등 정상적이지 않은 다양한 입력을 주기도 하고, 동시에 여러 입력을 주거나 높은 온도에서 완성품을 노출시켜 보기도 하는 등 다양한 활동이 있음.
- **디버깅** 문제의 원인을 찾고, 코드를 수정하는 활동. 디버깅이 끝나면 다시 테스팅을 거쳐 문제가 제대로 고쳐졌는지를 확인해야 함.

엔트리는 블록 코딩 언어이므로 실행 후 아주 큰 문제가 발생할 여지가 거의 없습니다. 따라서 이 책에서는 작성한 코딩 블록을 실제로 실행해 보고 원하는 대로 구현되었는지, 개선할 점은 없는지에 초점을 맞추어 진행해 보겠습니다.

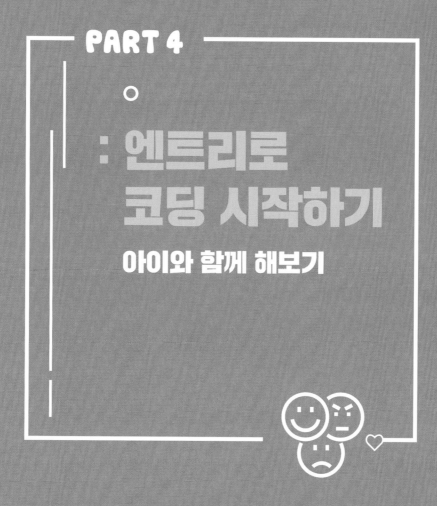

PART 4

: 엔트리로 코딩 시작하기

아이와 함께 해보기

이제는 실제로 스토리를 상상하고 엔트리로 구현해 보겠습니다.

어떤 것을 구현해 보면 좋을까요? 아이들이 좋아하는 게임의 형태가 되어도 좋고,

퀴즈를 만들어 봐도 좋습니다. 이 책을 읽고 있는 독자가

부모님이라면 실생활에서 발생하는 문제를 해결하는 프로그램을 아이와

함께 만들어 해결해 보는 것도 좋을 것 같습니다. 예를 들어 간단한 숫자 입력으로

산술 계산을 해 주는 계산기라든지, 좋아하는 노래가 자동으로

재생되는 플레이어 같은 것들도 좋습니다.

: 횡단보도 건너기

학습 목표

- 순차, 반복, 조건과 같은 기본적인 알고리즘을 구현할 수 있다.
- 엔트리 오브젝트 및 장면, 소리, 모양, 메시지 등을 추가, 변경하고 다양한 코딩 블록을 추가, 삭제할 수 있다.
- 장면을 추가하고 삭제할 수 있다.
- 작품을 저장, 공유할 수 있다.

엔트리로 본격적으로 코딩하기에 앞서 순차, 반복, 조건과 같은 기본적인 알고리즘을 잘 표현해 줄 수 있는 적절한 스토리를 제안해 보겠습니다. 부모들이 아이가 걷기 시작하면서부터 귀에 딱지가 앉도록 가르치는 것이 바로 횡단보도를 건너는 방법에 대한 것입니다. 이번 장에서는 안전하게 횡단보도를 건너야 한다는 캠페인 광고를 엔트리로 구현해 보겠습니다.

▶ 1.1 스토리 구상하기

먼저, 어떤 내용을 구현해 볼지 생각해 보겠습니다. 일단은 엔트리로 만들어 보는 첫 번째 결과물이므로 아주 간단한 형태의 순차, 반복, 조건 등의 알고리즘을 사용하는 스토리를 구상해 보았습니다.

일단, 간단한 문장으로 스토리를 적어 봅니다. 그리고 PART 3에서 설명한 마인드맵으로 배경과 등장물, 그리고 핵심 기능에 대해 정리해 봅니다. 여기서 구현해 보려는 스토리는 다음과 같습니다.

주제 | 빨간불일 때 횡단보도를 건너지 않아요!

내용 | 여자아이가 길을 천천히 걸어가다가 횡단보도를 만나면 걸음을 멈춥니다. 그다음, 엔트리봇이 나타나 빨간불일 땐 횡단보도를 건너지 않는다는 캠페인 메시지를 보입니다.

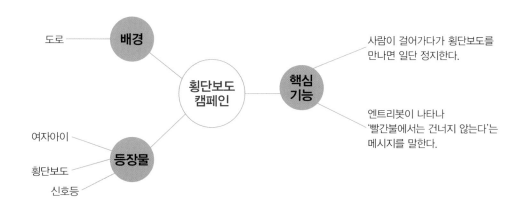

위 마인드맵은 스토리를 기반으로 배경, 등장물(인물/사물), 핵심 기능을 표현한 것입니다. 이 스토리의 배경과 등장물에 정의된 오브젝트는 엔트리 프로그램에서 이미 제공하는 오브젝트들로 어느 정도 표현할 수 있습니다.

스토리를 만들기에 앞서 엔트리에서 기본 제공하는 오브젝트에 어떤 것이 있는지 먼저 살펴보는 것도 좋습니다. 기존 배경이나 등장물에 어떤 것들이 있는지를 참고한다면 그것들을 최대한 활용하는 방향으로 스토리를 만들 수 있어, 추후 구현 시 오브젝트를 대체할 필요 없이 효율적으로 코딩할 수 있기 때문입니다.

엔트리에 기본으로 등록된 오브젝트에 어떤 것이 있는지 살펴보는 방법은 간단합니다. 다음과 같이 '작품 만들기' 메뉴에서 '+' 버튼을 선택합니다.

위 화면에 보이는 것들이 엔트리에서 기본으로 제공하고 있는 오브젝트입니다. 왼쪽 메뉴 트리에서 카테고리를 선택해 찾아볼 수도 있고, 원하는 형태의 이미지를 직접 검색할 수도 있습니다. 예를 들어, 다음과 같이 '신호등'을 직접 찾으면 기존에 이미 등록된 신호등 오브젝트가 검색되므로, 원하는 것을 하나 선택해 '추가하기'만 누르면 됩니다.

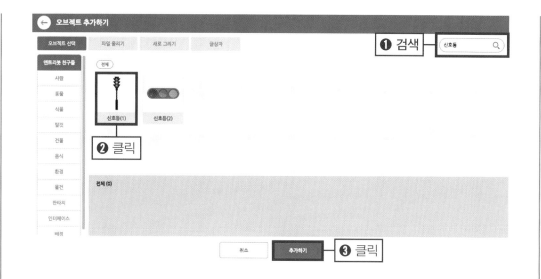

    만약 이미 등록된 오브젝트만으로 원하는 장면을 구성하는 것이 어렵다고 생각된
다면, '파일 올리기' 혹은 '새로 그리기' 메뉴를 통해 인터넷에서 찾은 이미지를 업로드
하거나 직접 그림판에 그림을 그려 오브젝트로 사용할 수도 있습니다. 이 방법은 좀
더 높은 수준의 컴퓨터 활용 능력을 요구하므로 엔트리에 조금 더 익숙해진 후에 활
용해 보시기 바랍니다.

1.2 설계하기

    대략적인 스토리를 구상해 보았으니 화면과 기능을 설계하겠습니다. 먼저 화면 설계를 위해
엔트리에서 기본으로 제공하는 오브젝트를 검토한 후 다음과 같이 선택해 보았습니다. 스토리
구상 시 생각했던 도로나 횡단보도 이름으로 등록된 오브젝트는 없어서 그와 유사한 오브젝
트 중 위 스토리를 표현하는 데 적합한 오브젝트로 선택했습니다.

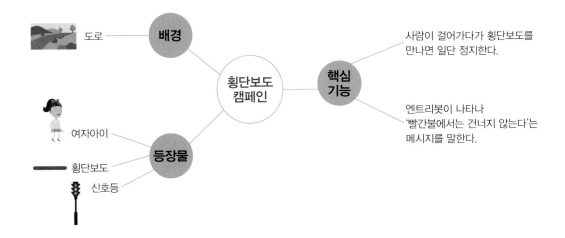

엔트리에 포함된 이미지가 아니라 웹에서 도로 배경 이미지를 검색해서 찾아 넣거나 직접 횡단보도 그림을 그리는 것도 가능합니다. 이렇게 사용자가 원하는 이미지를 오브젝트로 등록하는 과정은 좀 더 엔트리에 익숙해진 후 다음 챕터 예제에서 살펴보겠습니다.

자, 배경과 등장물에 대한 오브젝트를 찾았으니 대략적인 디자인 구상은 끝났습니다. 이번에는 실제로 어떤 기능을 구현할지에 대한 설계를 진행합니다. '횡단보도 캠페인' 스토리의 주요 핵심 기능은 아래와 같이 정리할 수 있습니다.

1. 사람이 걸어가다가 횡단보도를 만나면 일단 정지한다.
2. 엔트리봇이 나타나 '빨간불에서는 건너지 않는다'는 메시지를 말한다.

핵심 기능이란, 발걸음 하나하나의 세부적인 움직임을 정의하는 것이 아니라 어떤 목표나 목적 달성을 위해 발생하는 움직임, 활동 수준으로 생각하면 됩니다. '횡단보도 캠페인' 스토리에서의 핵심 기능은 '걷는다'와 '멈춘다' 두 가지지만, 스토리에 따라 그 이상이 될 수도 있고, 기능을 정의하는 사람에 따라서도 그 내용이나 개수가 달라질 수 있을 것입니다. 설계의 결과는 구현하고자 하는 방향만 동일하다면 어떤 것이 되었든 큰 상관이 없습니다. 전에도 언급했지만 설계는 단순히 구현을 쉽게 돕기 위한 단계이고 정답이 있는 것이 아니기 때문입니다. 처음에는 알고리즘 설계를 어떤 수준으로 몇 개 정도에서 끝내야 할지 정하는 게 애매하고 어렵겠지만, 두려워하지 마세요. 이렇게도 해보고 저렇게도 해보면서 아이들의 사고력이 증진됩니다. 그리고 이런 설계 단계를 여러 번 반복해서 수행하다 보면 어떤 문제가 닥쳤을 때 해결할 수 있는 알고리즘적인 사고가 좀 더 빠르고 유연하게 발생할 것입니다.

아래는 핵심 기능을 토대로 필자가 작성한 알고리즘입니다. 첫 번째 장면에서는 여자아이가 횡단보도 방향으로 걸어가다가 신호등 아래 횡단보도 앞에서 멈추어 섭니다. 그리고 두 번째 장면에서는 엔트리봇이 등장해 '빨간불에서는 횡단보도를 건너지 않아요!'라고 말하고 엄지를 척 세워 보입니다.

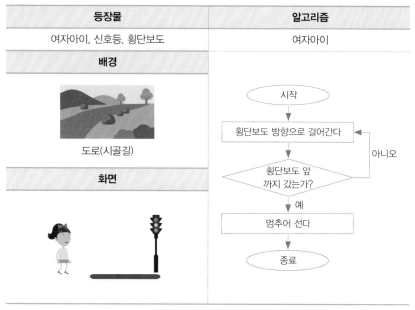

▶ [장면 1] '횡단보도까지 걸어가기' 알고리즘

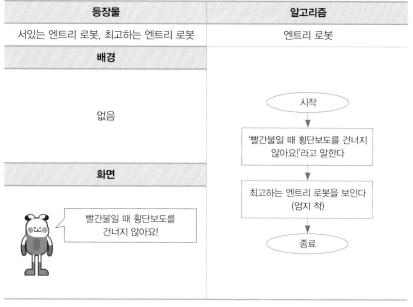

▶ [장면 2] '횡단보도를 건너지 않아요!'를 발화하는 동작 알고리즘

장면 1, 2와 같이 스토리 구현에 필요한 각 장면의 화면 및 알고리즘을 설계해 보았습니다. 알고리즘은 스토리 구현에 앞서 스토리를 구성하는 세부 행동에 대한 순서, 반복, 조건 등을 정의하는 단계입니다. 위 장면 1, 2에서와 같이 매번 알고리즘을 정리하는 것은 불필요한 시간 낭비일 수 있습니다. 어차피 구현이라는 꽃을 피우기 위한 준비 단계에 불과하므로 생각은 오래 하되, 설계를 종이나 컴퓨터에 옮기는 일에 너무 오랜 시간을 쏟지는 마세요.

1.3 [장면 1] 구현하기

1. 기본 오브젝트 삭제하기

❶ 자, 오래 기다렸습니다. 이제 드디어 엔트리로 코딩을 시작해 보겠습니다. 먼저 엔트리 사이트에서 '작품 만들기' 메뉴를 클릭해서 들어가면 기본 화면이 나옵니다.

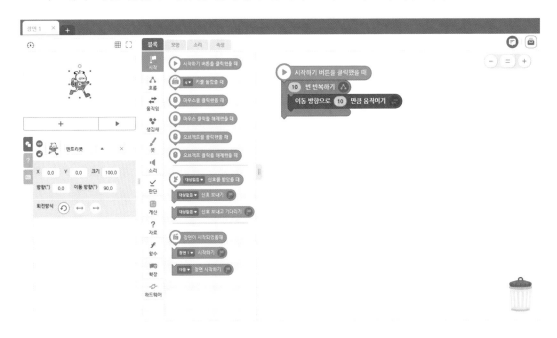

❷ 엔트리에 미리 작성된 기본 코드를 먼저 삭제해야 합니다. 화면에 미리 들어가 있는 엔트리봇 오브젝트를 삭제하면 오른쪽 작업판에 보이는 코딩 블록도 함께 삭제됩니다. 왼쪽 오브젝트 목록에서 '엔트리봇'을 찾아 오브젝트 이름 옆의 X 버튼을 클릭하세요.

❸ 짠! 화면에 아무것도 남지 않고 모두 삭제되었습니다.

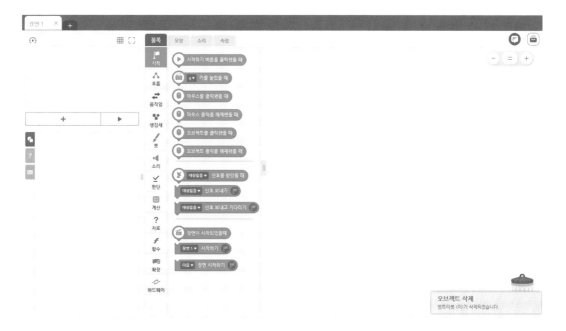

2. 배경화면 넣기

❶ 배경화면은 오브젝트를 추가하는 것과 동일한 방법으로 추가합니다. 엔트리에서 기본으로 제공하는 오브젝트 중 '시골길' 오브젝트를 도로 배경으로 적용해 보겠습니다. '시골길' 오브젝트를 검색한 후 추가하기 버튼을 누릅니다.

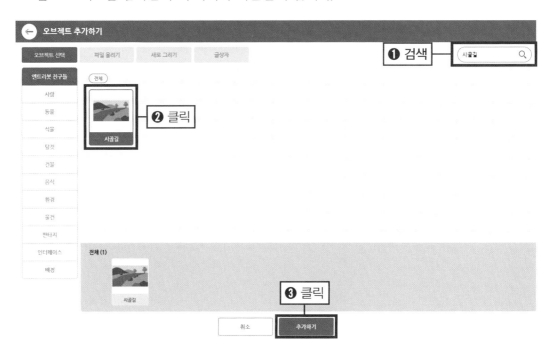

일반적으로는 오브젝트를 넣는 순서에 따라 보이는 순서가 결정되지만, '배경' 카테고리에 등록된 오브젝트는 보통 오브젝트의 순서와 상관없이 항상 다른 오브젝트의 뒤에 그려집니다. 만약 '배경' 카테고리에 속하지 않는 오브젝트를 배경처럼 항상 뒤에 넣어 주고 싶다면 해당 오브젝트를 가장 처음에 추가하거나, 마우스로 드래그하여 오브젝트 목록에서 가장 아래로 내리면 됩니다.

❷ 자. 조금 전에 선택한 시골길이 배경으로 적용되었습니다. 이제 하나씩 다른 오브젝트를 추가해 보겠습니다.

여기서 잠깐!

화면에 오브젝트를 쌓는 순서에 따라 오브젝트가 아예 안 보일 수도 있고, 일부만 보일 수도 있습니다. 우리가 보는 화면은 단순 평면인 2차원 화면이기 때문에 여기에 표현해야 하는 오브젝트가 여러 개라면 아래와 같이 오브젝트를 추가하는 순서에 따라 화면에 표시됩니다.

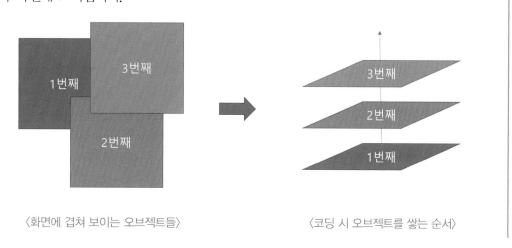

〈화면에 겹쳐 보이는 오브젝트들〉 〈코딩 시 오브젝트를 쌓는 순서〉

따라서 배경화면과 같이 모든 오브젝트보다 가장 뒤에 보여야 하는 오브젝트라면 제일 먼저 추가해야 합니다. 다른 오브젝트들의 순서 역시 마찬가지입니다. 하지만 처음에 오브젝트를 추가할 때 그 순서를 지키지 못했다 하더라도 문제없습니다. 마우스로 드래그 & 드롭하여 오브젝트의 순서를 바꿔 주면 됩니다. 단, 오브젝트 이미지를 선택해 드래그해야 이동할 수 있습니다.

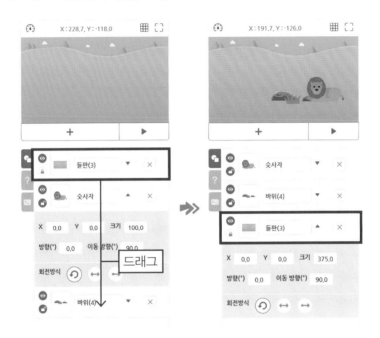

왼쪽 그림을 먼저 확인해 보세요. '들판' 오브젝트가 오브젝트 목록에서 가장 위에 올라와 있을 때는 화면에 '들판'만 보입니다. 이 오브젝트가 맨 위에서 다른 오브젝트들을 덮고 있기 때문이지요. 오른쪽 그림처럼 마우스로 '들판' 오브젝트를 가장 아래에 위치시키고 '숫사자' 오브젝트를 가장 위에 위치시키니 이제야 모든 오브젝트가 표현이 잘 되었습니다.

3. 등장인물 추가하기

❶ 화면에 보이는 순서를 고려해 '횡단보도'와 '여자아이', '신호등' 오브젝트를 차례차례 추가합니다. 엔트리에 기본으로 있는 오브젝트에서 횡단보도는 '판'으로, 여자아이는 '걷고있는 사람(1)'로, 신호등은 '신호등(1)'로 추가합니다.

❷ 추가된 오브젝트를 선택하면 모서리에 크기를 조정할 수 있는 점이 생깁니다. 이 점을 마우스로 드래그해 오브젝트의 크기를 조절할 수 있습니다. 횡단보도로 사용할 '판' 오브젝트의 가로 크기는 조금 늘리고 다른 오브젝트는 조금 줄여 화면에 배치합니다.

❸ 오브젝트의 이름이 엔트리에서 자체적으로 지정한 이름이기 때문에 앞으로 설계대로 구현하는 데 있어 조금 헷갈릴 수 있습니다. 마우스로 직접 이름 필드를 클릭하면 오브젝트의 이름을 변경할 수 있습니다.

여기서 잠깐!

오브젝트 중에 이름이나 크기 변경이 되지 않는 경우가 종종 발생합니다. 이는 아래와 같이 이름이나 크기를 변경할 수 없도록 자물쇠 설정이 되어 있기 때문입니다. 주로 배경 오브젝트의 경우 크기를 변경할 수 없도록 자물쇠가 잠긴 상태로 오브젝트 목록에 추가됩니다. 이름이나 크기를 변경하고 싶다면, 자물쇠를 클릭해 자물쇠 설정을 풀어 줍니다.

4. 횡단보도 방향으로 걸어가기

❶ 이제 [장면 1]에 대한 화면 배치는 끝났습니다. 이번에는 설계에 따라 오브젝트의 알고리즘을 구현해 보겠습니다. 이전에 설계한 알고리즘을 다시 한번 확인해 볼까요?

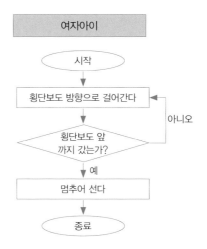

❷ '여자아이' 오브젝트를 먼저 클릭해 나타나는 오른쪽 작업판에 코딩을 진행해 보겠습니다. 모든 프로그램은 시작하기 버튼을 눌렀을 때 동작이 시작되어야 하므로 ⏴시작 → ▶ 시작하기 버튼을 클릭했을 때 블록을 먼저 가져옵니다.

여기서 잠깐!

엔트리는 오브젝트별로 행동을 코딩합니다. 따라서 반드시 오브젝트를 먼저 클릭해 나타나는 오른쪽 작업판에 코딩을 시작해야 합니다. 그렇지 않으면 나중에 프로그램을 실행했을 때 원치 않는 오브젝트가 엉뚱한 행동을 하는 것을 보게 됩니다. 아래는 '여자아이'를 선택한 후 ▶ 시작하기 버튼을 클릭했을 때 블록을 추가한 화면입니다.

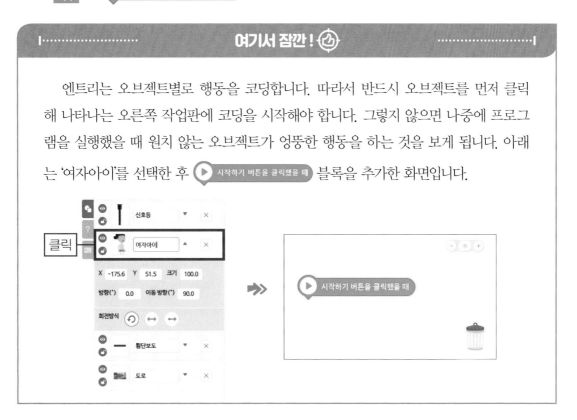

❸ 이제 횡단보도 방향으로 걸어가는 움직임을 구현해야 합니다. [블록] 탭에서  메뉴를 찾아 `이동 방향으로 10 만큼 움직이기` 블록을 이어 붙여 줍니다.

❹ 이제 시작 버튼을 눌러 보세요. 오브젝트가 앞으로 아주 조금 움직입니다. 다행히 오브젝트가 바라보고 있는 방향이 횡단보도 방향이기 때문에 방향을 변경해 줄 필요는 없을 것 같네요.

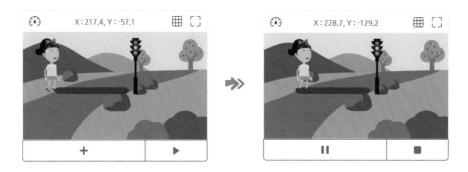

여기서 잠깐!

만약 움직이는 방향이 달라져야 한다면 어떻게 해야 할까요? 예를 들어 풍선이라면, 앞으로 움직이는 것이 아니라 하늘로 높이높이 올라가야 하겠죠?

엔트리는 이를 위해 방향과 관련된 기능을 제공합니다. 만약 앞이 아니라 위로 이동하고 싶다면 아래 그림에서 ↦를 선택해 이동 방향란에 '90'이 아니라 '0'을 입력하면 됩니다.

이동 방향과 관련된 값은 아래를 참고합니다. 예를 들어 앞으로 이동한다면 '90'이 기본값이고, 풍선과 같이 하늘로 이동한다면 '0'을 입력해야 합니다.

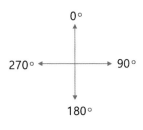

5. 횡단보도 방향으로 계속 움직이기

❶ 횡단보도 방향으로 계속 움직이는 가장 쉬운 방법은 이동 거리를 직접 늘리는 것입니다. 블록 가운데 노란색으로 표시된 '10'이라는 숫자를 '100' 혹은 '200'으로 바꿔 주면 훨씬 더 많은 거리를 이동할 것입니다.

❷ 이제 시작 버튼을 눌러 보세요. 훨씬 많은 거리를 이동했습니다. 음. 그런데 뭔가 이상합니다. 걸어가는 모습이 보이지는 않고 순간이동으로 횡단보도 쪽으로 슉! 움직인 느낌이네요. 멋지게 발을 움직이면서 걸어가는 느낌을 주려면 어떻게 해야 할까요?

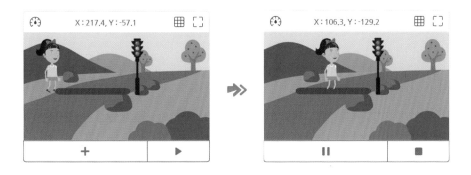

6. 걷는 모습 표현하기 – 왼발

❶ 이번에는 걷는 느낌을 구현해 보겠습니다. 다시 작업 화면으로 돌아와서 [모양] 탭을 클릭하니 갑자기 여자아이 오브젝트가 4개가 되었습니다. 각각을 클릭해 보니 조금씩 모양이 다릅니다. 일단 지금은 2번 움직임이 왼발을 내밀고 있고 4번 움직임이 오른발을 내밀고 있다는 것을 기억하고 다음 단계를 진행하겠습니다.

〈걷고있는 사람(1)_2〉   〈걷고있는 사람(1)_4〉

❷ 이제 다시 [블록] 탭을 클릭해 조금 전에 추가한 이동 방향으로 100 만큼 움직이기 블록을 끌어와 휴지통에 버립니다. 대신 걷고있는 사람(1)_1 모양으로 바꾸기 블록을 끌어와 붙이고 오브젝트 이름을 걷고있는 사람(1)_2 로 변경합니다.

❸ 시작 버튼을 눌러 실행해 보니 왼발을 내밀고 있는 여자아이 오브젝트로 바뀌었습니다.

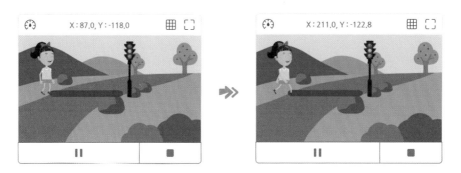

생각하기

엔트리에 기본으로 포함된 오브젝트 중에는 이와 같이 조금씩 다른 오브젝트들을 '모양'으로 가지기도 합니다. 이는 오브젝트의 움직임(ex. 사람의 걸어가는 모습)을 표현하기 위해서는 모양이 조금씩 다른 오브젝트가 여러 개 필요하기 때문입니다. 예를 들어 엔트리에 기본으로 포함된 오브젝트 중 '사람'과 연관된 오브젝트는 움직임을 표현하기 위한 '모양'을 대부분 포함한다고 보면 됩니다.

이제 걷는 움직임을 어떻게 표현해 주면 될까요? 사실 알고리즘 설계 시에는 미처 이 부분까지는 자세히 생각하지 못했지요. 엔트리에 '걷는다'는 블록이 이것까지 표현해 줄 줄 알았습니다. 하지만 이렇게 막상 코딩을 진행하다 보면 내가 원하는 코딩 블록이 존재하지 않는 경우가 분명히 존재하고, 이럴 때는 기존의 코딩 블록을 어떻게 잘 조합해서 원하는 기능을 만들 수 있을지를 고민해야 합니다. 코딩 블록만으로 구현이 불가능하다면 훨씬 더 상위 방법인 '엔트리 파이썬' 언어를 사용할 수도 있습니다.

먼저 '걷는 행동'에 대해 생각해 보겠습니다. '걷는 행동'은 한 발자국을 내디뎌 이동하고, 조금 뒤에 다른 발자국을 내디뎌 이동하는 과정의 반복입니다. 따라서 아래와 같이 상세 알고리즘을 새로 만들어 볼 수 있습니다. 이와 같이 설계는 구현을 진행하면서 언제든지 수정, 보완할 수 있습니다.

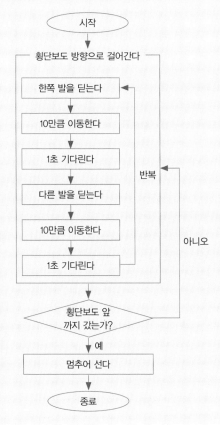

❹ 10 정도를 이동하기 위해 이제  블록을 가져와 붙여 줍니다.

❺ 이번에는 흐름 → `2 초 기다리기` 블록을 가져와 붙인 후, 숫자 '2'를 '1'로 변경합니다. 걷는 동작을 빠르게 보이고 싶다면 이 숫자를 0.5로 줄일 수도 있고, 느리게 보이고 싶다면 '2' 혹은 '3'으로 늘려도 좋습니다.

7. 걷는 모습 표현하기 - 오른발

❶ 작업판에서 `걷고있는 사람(1)_2 모양으로 바꾸기` 블록을 선택하고 마우스 오른쪽 버튼을 클릭해 '코드 복사 & 붙여넣기'를 실행합니다. 복사된 코딩 블록을 기존 블록에 연결합니다.

동일한 코딩 블록을 추가할 때 사용할 수 있는 방법은 2가지입니다. 코딩 블록을 다시 차례차례 추가하는 것이 첫 번째 방법이고, 두 번째는 '복사 & 붙여넣기'를 사용하는 방법입니다.

두 번째 방법인 '복사 & 붙여넣기'는 걷고있는 사람(1)_2 모양으로 바꾸기 블록을 선택하고 마우스 오른쪽 버튼을 클릭합니다. 여기에서 첫 번째 메뉴인 '코드 복사 & 붙여넣기'를 선택하면 걷고있는 사람(1)_2 모양으로 바꾸기 코드부터 그 아래로 연결된 모든 코딩 블록들이 복사되어 생성됩니다.

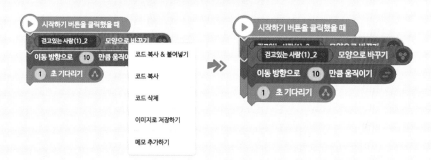

'코드 복사 & 붙여넣기' 기능은 선택된 코딩 블록 단 하나가 아니라 해당 코딩 블록 아래에 붙어 있는 모든 블록에 적용됩니다. 위 예제의 경우에는 아래 3개의 코딩 블록이 모두 복사 & 붙여넣기 적용되었지요. 만약 단 하나의 코딩 블록만 복사 & 붙여넣기 하고 싶다면 아래 그림과 같이 코딩 블록을 일시적으로 떨어뜨려 복사 & 붙여넣기를 한 후 다시 원래대로 붙여 놓는 방식으로 진행하면 됩니다.

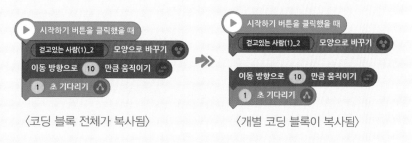

〈코딩 블록 전체가 복사됨〉　　　　　〈개별 코딩 블록이 복사됨〉

115

❷ 복사한 코딩 블록의 오브젝트 이름을 걷고있는 사람(1)_4 로 변경합니다.

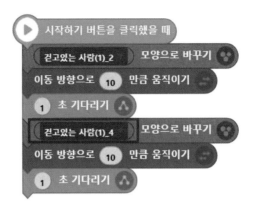

❸ 이제 실행 버튼을 눌러 보겠습니다. 여자아이가 왼발과 오른발을 차례로 내딛지요? 이제 우리는 한 발자국 움직이는 데 성공했습니다.

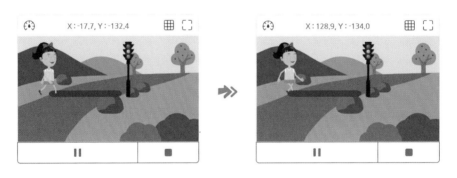

8. 걷는 모습 표현하기 - 반복

❶ 걷는 동작을 반복하기 위해 [흐름] → [계속 반복하기] 블록을 가져와 작업판의 아무 곳에나 떨어뜨려 둡니다.

 아무 데나 혼자 덩그러니 남아 있는 블록은 '시작하기 버튼을 클릭했을 때'와 같은 이벤트와 연결되지 않기 때문에 실제로 '시작' 버튼을 누르더라도 수행되지 않습니다.

❷ 이번에는 작업판의 `걷고있는 사람(1)_2 모양으로 바꾸기` 블록을 잡아 `계속 반복하기` 블록 내에 삽입합니다.

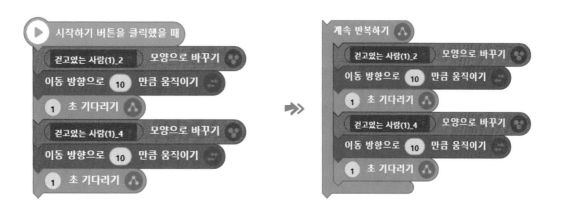

TIP `계속 반복하기` 블록은 가운데 비어있는 공간에 삽입된 코드를 반복하는 역할을 합니다.

❸ 이제는 `계속 반복하기` 블록을 끌어와 `▶ 시작하기 버튼을 클릭했을 때` 블록 아래로 위치시킵니다. 이제 시작하기 버튼을 누르면 걷는 동작이 반복적으로 적용됩니다.

9. 횡단보도 앞에서 멈추기 - 조건

❶ 지금까지 여자아이가 걸어가는 동작을 구현하였는데, 막상 실행을 해 보면 화면 끝까지 걸어가도 멈추지 않을 것입니다. 이번에는 여자아이가 멈출 수 있는 동작의 구현이 필요하겠네요. 다시 한번 설계 문서를 확인해 보겠습니다. 이번에는 [횡단보도앞까지 갔는가?]라는 조건을 구현해야 합니다.

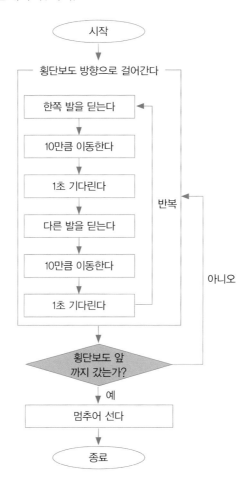

❷ 여자아이가 횡단보도 앞까지 걸어간 것을 확인하려면 어떻게 해야 할까요? `판단` →
`마우스포인터 ▼ 에 닿았는가?` 블록을 작업판에 끌어와 놓고, '마우스 포인터'를 클릭해 '횡단
보도'로 변경합니다. 이제 `횡단보도 ▼ 에 닿았는가?` 블록이 만들어졌습니다.

TIP `마우스포인터 ▼ 에 닿았는가?` 블록을 사용하면 어떤 오브젝트와 닿았을 때 발생하는 이
벤트를 구현할 수 있습니다.

❸ 조건을 구현하기 위해 `흐름` → `만일 참 이라면` 블록을 선택합니다. 여기에서 `참` 블
록이 조금 전 ❷에서 추가한 블록과 색상과 모양이 동일한 것을 눈치채셨나요? 네, `참`
블록을 `판단` 메뉴에 있는 블록 중 하나로 대체할 수 있습니다.

여기서 잠깐!

판단 블록은 다른 블록들처럼 기존 코딩 블록 아래 끌어와 붙여도 붙질 않습니다. 왜일까요? 자세히 보니 이 블록은 다른 블록들과 생김새가 조금 다르네요. 판단 블록은 다른 블록 안에 끼워서 동작할 수 있는 블록이고 자체적으로 실행될 수 없는 블록입니다. 판단 블록은 보통 조건 블록에 붙여서 실행시킵니다.

조건 블록은 흐름 메뉴에 위치하며 아래의 블록이 대표적인 조건 블록들입니다. 조건 블록에 기본 값으로 설정된 참 블록은 영어로 TRUE, 즉 이 조건 블록은 항상 실행되는 블록이지요. 여기에 다른 판단 블록이 들어온다면 해당 판단 기준이 참일 때에만 조건 블록 사이에 삽입된 코딩 블록이 수행되고, 참이 아닐 때에는 '아니면' 블록 사이에 삽입된 코딩 블록이 수행됩니다.

❹ 우리는 횡단보도에 '여자아이' 오브젝트가 닿았을 때만 실행되는 조건문을 만들고 싶으므로, 참 블록을 횡단보도 ▼ 에 닿았는가? 블록으로 대체시키려고 합니다. 마우스로 횡단보도 ▼ 에 닿았는가? 블록을 가져와 참 블록 자리에 가져다 놓습니다.

10. 횡단보도 앞에서 멈추기 - 동작

❶ 걷는다는 행동은 왼발과 오른발을 내딛는 동작을 반복하는 것이므로 횡단보도에 닿았을 때 걸음을 멈추려면 이 반복 동작을 멈추면 됩니다. [흐름] → [반복 중단하기] 블록을 가져와 [만일 〈횡단보도▼ 에 닿았는가?〉 이라면] 블록 안에 삽입합니다.

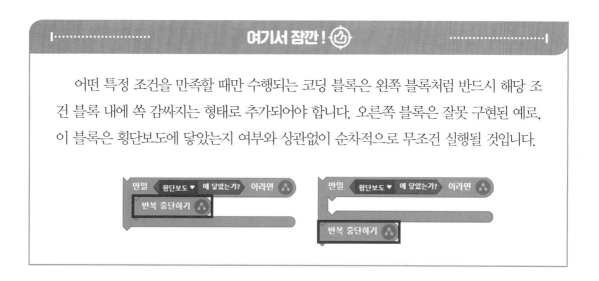

여기서 잠깐!

어떤 특정 조건을 만족할 때만 수행되는 코딩 블록은 왼쪽 블록처럼 반드시 해당 조건 블록 내에 쏙 감싸지는 형태로 추가되어야 합니다. 오른쪽 블록은 잘못 구현된 예로, 이 블록은 횡단보도에 닿았는지 여부와 상관없이 순차적으로 무조건 실행될 것입니다.

❷ 이제 조건 블록이 만들어졌으므로, 기존 코딩 블록에 이어 붙입니다. 여자아이가 걸어가는 도중에 실행되는 코드이므로 걸어가는 동작의 [계속 반복하기] 블록 내 가장 아래 블록에 붙여 줍니다.

❸ 이제 모든 동작이 완성되었습니다. 시작 버튼을 누르면 여자아이가 걷기 시작하고 횡단보도에 닿으면 걸음을 멈춥니다.

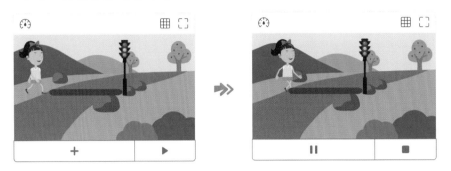

11. 말풍선 추가하기

❶ 멈추었다는 표시를 위해 [생김새] → [안녕! 을(를) 4 초 동안 말하기 ▼] 블록을 가져와 이전 블록에 이어 붙인 뒤, '안녕!'을 클릭해 '걸음을 멈춰요!'라고 입력합니다. 실행해 보면, 여자아이가 횡단보도까지 걸어가 멈춘 후 4초 동안 '걸음을 멈춰요!'라고 말하는 것을 볼 수 있습니다.

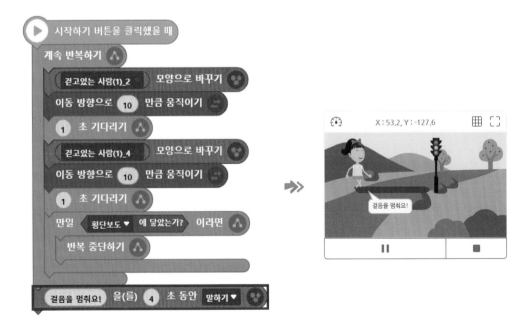

1.4 [장면 2] 구현하기

  '[장면 1] 구현하기' 절을 통해 엔트리 코딩이 조금은 익숙해진 느낌입니다. 우리는 어느새 순차와 반복, 조건 구문을 모두 사용해 코드를 완성했습니다. 원하는 동작을 구현하는 데 이 정도만 알아도 충분하긴 하지만, 다양한 배경 장면을 전환하며 스토리를 구현하고 싶을 수 있습니다. 따라서 이번 절에서는 장면을 확장, 전환해 스토리를 이어가는 방법을 따라해 보겠습니다. 아래는 앞에서 설계했던 [장면 2]의 알고리즘입니다.

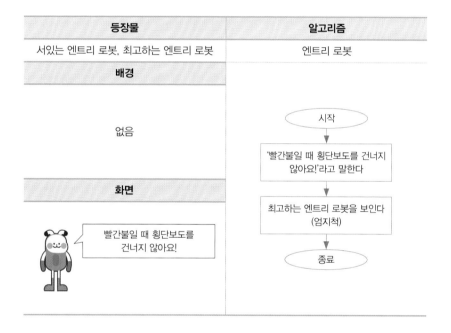

  [장면 1]이 끝난 후 흰색 배경(배경 없음)에 엔트리봇이 나타나 '빨간불일 때 횡단보도를 건너지 않아요!'라고 말하고 엄지 손가락을 올려 보이는 장면의 구현입니다.

1. 새 장면 추가하기

❶ 장면을 추가하는 방법은 어렵지 않습니다. 화면 왼쪽 상단을 보면 [장면 1]이라는 버튼이 보이는데, 그 옆에 있는 '+' 버튼을 클릭하면 새로운 장면을 하나 더 추가할 수 있습니다.

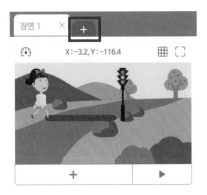

❷ '+' 버튼을 클릭해 보니 [장면 2]라는 이름의 새로운 장면이 생성되었습니다.

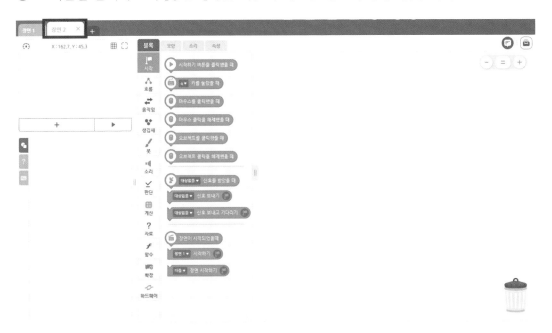

❸ 이번에는 [장면 1]에서의 모든 동작이 끝나면 [장면 2]로 전환되는 코드를 추가해 보겠습니다. 이 코드는 [장면 1]에서 작성해야 합니다. [장면 1]의 모든 코드의 마지막에 [시작] → [장면 2 ▼ 시작하기] 블록을 추가합니다.

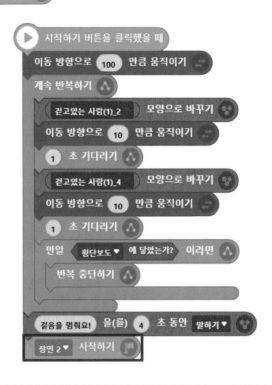

TIP

새로운 장면을 추가한 후에는 반드시 [시작하기 버튼을 클릭했을 때] 블록이 위치한 시작 장면과 새로운 장면을 연결해 주어야 추가된 장면이 실행됩니다.

❹ 실행 버튼을 눌러 보세요. 장면 1이 끝나고 나면 장면 2로 연결됩니다.

2. 메시지 추가하기

❶ [장면 2]로 돌아와서 엔트리봇 오브젝트를 추가합니다. 오브젝트 추가 버튼을 누르고 정
자세로 서 있는 '(3)엔트리봇'을 추가합니다.

❷ [장면 2]에 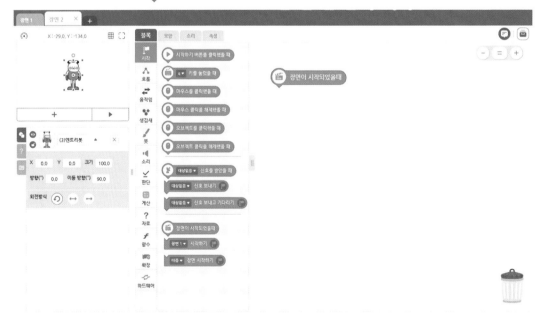 → 장면이 시작되었을때 블록을 추가합니다.

TIP

[장면 1]이 먼저 시작된 후에 [장면 2]가 시작되기 때문에, [장면 2]에서의 시작 이벤트는

장면이 시작되었을때 입니다. 이 예제에서는 아래와 같은 순서로 장면이 수행됩니다.

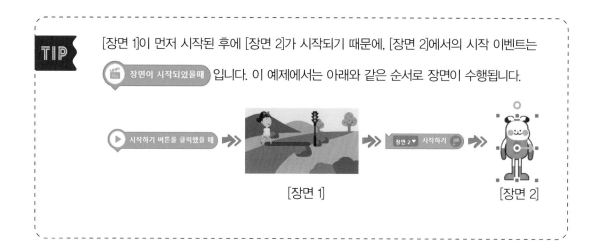

[장면 1]   [장면 2]

❸ 이제 말풍선을 위해 생김새 → 안녕! 을(를) 4 초 동안 말하기 블록을 추가합니다. 그
리고 '안녕!'을 클릭해 '빨간불일 때 횡단보도를 건너지 않아요!'라고 입력하고, 기본값인
4초가 너무 긴 느낌이 들어 2초로 변경했습니다.

3. 최고 엔트리봇으로 변경하기

❶ 마지막으로 '최고 엔트리봇'이 등장할 차례입니다. 생김새 → (3)엔트리봇_정면 모양으로 바꾸기
블록을 가져옵니다. '(3)엔트리봇_정면'은 변경 가능한 값이므로 마우스로 클릭해 '최고
엔트리봇_1'을 선택합니다. '최고 엔트리봇_1'은 기본 모양으로 등록되어 있지 않으므로
[모양] 탭에서 추가해야 합니다.

[장면 1]에서 '여자아이' 오브젝트가 4가지 걷는 모양의 오브젝트를 포함하고 있었던 것 기억하시나요? 걷는 모양을 구현하기 위해 왼발과 오른발을 드는 오브젝트를 번갈아 구현했습니다. 즉, 오브젝트는 다양한 '모양' 오브젝트를 가질 수 있으며, 상황에 따라서 다양한 모양으로 변경할 수도 있습니다. 그런데 만약 원하는 모양의 오브젝트가 추가되어 있지 않다면요? 간단합니다. 직접 추가하면 됩니다.

먼저 오브젝트가 어떤 '모양'을 가지고 있는지 확인하는 것이 중요합니다. 앞 예제에서 추가한 '엔트리봇' 오브젝트는 어떤 '모양'을 기본값으로 가지고 있을까요? '엔트리봇' 오브젝트를 선택한 후 [모양] 탭을 선택합니다.

정자세로 서 있는 엔트리봇과 옆을 보고 있는 엔트리봇 두 종류의 모양이 추가되어 있습니다. 우리가 원하는 '최고 엔트리봇'은 없네요. 코드 내에서 모양 목록에 포함되어 있지 않은 오브젝트로 변경하는 것은 불가능합니다. 따라서 이와 같은 경우에는 원하는 엔트리봇을 먼저 [모양] 목록에 추가한 후, 코드를 작성해야 합니다.

[모양]에 새로운 오브젝트를 추가하기 위해서는 [모양] 탭 내의 '모양 추가하기' 버튼을 클릭합니다. 오브젝트를 추가할 때와 유사한 화면이 보이며, 선택할 수 있는 '모양'은 '오브젝트'보다 그 종류가 훨씬 다양합니다.

스크롤을 내려 보니 여기에도 '최고 엔트리봇'이 있네요. 모양을 선택하고 추가하기를 누르면 해당 모양이 목록에 추가됩니다.

자, 이제 기본 엔트리봇의 [모양] 목록에 '최고 엔트리봇'이 추가되었습니다.

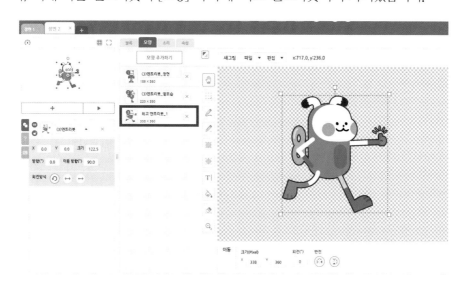

4. 장면 실행하기

❶ 자, 이제 [장면 2]에 대한 코드도 완성했습니다. [장면 1]에서 시작 버튼을 눌러 여자아이
가 횡단보도 앞에서 멈추는 동작이 끝난 후 [장면 2]의 동작을 확인합니다.

> **TIP** [장면 2]는 [장면 1]처럼 시작 버튼을 눌러서 테스트 해보는 것은 불가능합니다. 그 이유는
> [장면 2]는 시작 버튼을 눌러서 실행되도록 코드가 작성되어 있는 것이 아니라 [장면 1]의
> 코드 수행이 끝난 뒤에 시작하기 때문입니다.

1.5 검토하기

이제 모든 구현을 마쳤습니다. 이번 절에서는 구현한 내용을 실행하고 테스트하는 검토 과
정을 거쳐 몇 가지 수정을 해 보겠습니다. 검토 과정은 꼭 구현을 모두 마친 다음에 진행하는
것이 아니라 구현을 하는 중간중간에 진행해도 됩니다. 책으로 설명하기 위해 각 단계를 구분
지어 놓았지만, 스토리 구상 → 설계 → 구현 → 테스팅 & 디버그 전 단계는 중간중간에 다시
이전 단계로 돌아갈 수도 있고, 그 과정이 여러 번 짧게 반복될 수도 있습니다.

실제로 이렇게 스토리 구상 → 설계 → 구현 → 테스팅 & 디버그 전 단계를 빠르게 반복하는 과정을 현업에서는 빠른 프로토타이핑(Rapid Prototyping)이라고 합니다. 이는 매우 유명하고 유용한 방법론인 애자일(Agile) 방법론에서 말하는 실습 방법(Practice) 중 하나로, 작은 단위의 프로그램을 개발할 때 빠르게 결과물을 확인하고 테스트하면서 설계나 코드를 수정해 나가는 과정입니다. 이렇게 각 단계를 빠르게 진행하면서 나오는 단계별 결과물을 스프린트(Sprint)라고도 합니다.

빠른 프로토타이핑과 애자일 방법론

빠르게 결과물을 도출할수록 요구 사항을 만들어내는 고객이 요구 사항 스토리를 변경하게 할 수도 있고, 설계나 구현상 문제를 빠르게 발견할 수 있어 개발 막바지에 문제 발견 시 발생할 수 있는 일정 지연 등의 위험을 방지할 수 있습니다.

일단 현재까지 만든 [장면 1]과 [장면 2]가 전체적으로 매우 만족스럽지는 않겠지만, 일단 전체가 동작하는 버전을 만들었으니 매우 축하할 일입니다! 이제 기본적인 구현 기술은 어느 정도 익힌 것이나 다름없으니까요.

이제부터 프로그램을 찬찬히 실행해 보면서 마음에 들지 않는 점을 몇 가지 체크해 보겠습니다. 저는 다음과 같은 것들이 수정, 변경되었으면 좋겠습니다.

1. [장면 1]에서 [장면 2]로 넘어갈 때 소요되는 시간이 너무 길다.
2. [장면 1]에서 여자아이가 횡단보도에 닿았을 때, 깜짝 놀라는 느낌의 소리가 추가되었으면 좋겠다.
3. [장면 2]의 배경이 흰색이라 어색한 느낌이다.

다행히 오동작하는 것들은 아직까지 발견되지 않았고 기능의 수정이나 추가에 대한 내용뿐입니다. 하나씩 차근차근 살펴보겠습니다.

1. 장면 간 시간 줄이기

❶ 첫 번째 수정 요구 사항인 '[장면 1]에서 [장면 2]로 넘어갈 때 소요되는 시간이 너무 길다'를 해결하기 위해, 현재 설정된 시간을 확인해 보겠습니다. '걸음을 멈춰요!'라고 말하는 부분이 기본값인 4초로 설정되어 있어서 너무 길게 느껴진 것 같네요. 4초를 2초로 변경합니다.

❷ 실행해 보니 어떤가요? 2초로 변경하니 어느 정도 빨라진 느낌입니다. 만족했다면 첫 번째 수정을 이 정도로 끝내도 될 것 같습니다.

2. 소리 효과 추가하기

❶ 다음으로 두 번째 요구 사항인 '[장면 1]에서 여자아이가 횡단보도에 닿았을 때, 깜짝 놀라는 느낌의 소리가 추가되었으면 좋겠다'를 살펴보겠습니다. 엔트리에서는 특정 상황에서 소리를 추가하는 것이 가능합니다. [소리] 탭에서 '소리 추가' 버튼을 클릭합니다.

❷ 다양한 소리 종류가 보입니다. 마우스로 소리 오브젝트를 클릭하면 해당 소리가 자동으로 재생됩니다. 우리는 놀라는 효과를 적용할 예정이므로 '놀라는 소리'를 추가합니다.

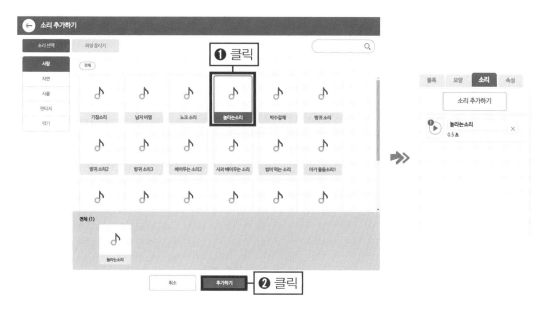

❸ 이제 여자아이가 횡단보도에 닿았을 때 놀라는 소리가 재생되는 코드를 추가해 볼까요? 횡단보도에 닿았을 때, 걸음을 멈추기 전에 놀라는 소리를 내겠지요. 아래 코드가 횡단보도에 닿았을 때 걸음을 멈추는 코드입니다.

❹ 이제 ▮▮ → [소리 대상없음▼ 1 초 재생하기 ▮] 블록을 가져와 [반복 중단하기] 블록 아래에 놓습니다. 그리고 '대상없음'을 클릭해 조금 전 추가한 '놀라는 소리'로 변경합니다.

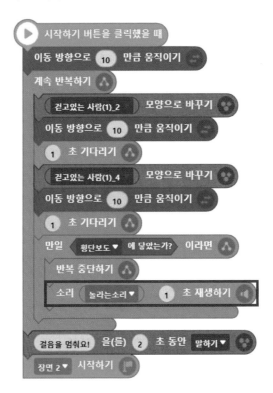

❺ 자, 이제 시작 버튼을 눌러 제대로 수정되었는지 확인해 봅니다. 여자아이가 걸어가다가 횡단보도를 만나면 헉! 하면서 놀라는 소리를 내고 걸음을 멈추네요. 잘했습니다.

3. 배경 변경하기

❶ 마지막으로 '[장면 2]에서 배경이 흰색이라 어색한 느낌이다'를 확인해 보겠습니다. [장면 2]로 이동해 '오브젝트 추가' 버튼을 클릭하고, 배경에서 '운동장'을 선택했습니다. 혹시 결과 화면에 배경 이미지만 보인다면 오브젝트 목록에서 배경 이미지를 드래그 & 드롭해 제일 아래로 위치를 변경해 줍니다.

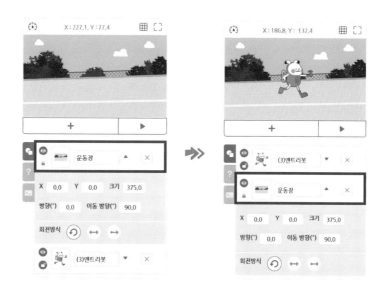

1.6 저장 및 공유하기

1. 작품 저장하기

❶ 지금까지 작업한 내용을 저장하기 전에 왼쪽 상단에서 파일 이름을 '횡단보도 캠페인'이라고 지정합니다.

❷ 원하는 파일명으로 변경한 후에는 화면 상단 메뉴에 저장 메뉴를 확인합니다. 디스크처럼 생긴 버튼으로, 현재 내용을 저장하거나 다른 이름(사본)으로 저장할 수도 있고, 오프라인으로 저장할 수도 있습니다.

❸ 이렇게 저장한 작품은 추후 다시 불러와서 시작해 볼 수도 있고, 수정할 수도 있습니다. 저장한 작품을 다시 확인하려면 아래 메뉴에서 '온라인 작품 불러오기' 메뉴를 사용하면 됩니다.

여기서 잠깐!

'오프라인 작품 불러오기' 메뉴는 작품을 '내 컴퓨터에 저장하기' 기능으로 컴퓨터에 직접 저장했을 때 사용 가능합니다. 컴퓨터에 직접 저장하게 되면 확장자는 .ent로 저장되며, 내 컴퓨터에 엔트리 프로그램이 깔려 있다면 파일을 더블 클릭해 바로 실행할 수도 있습니다.

❹ 실제로 '온라인 작품 불러오기' 메뉴를 실행해 보니 아래와 같이 조금 전에 저장한 '횡단보도 캠페인' 이름의 파일이 저장되어 있습니다.

2. 작품 공유하기

❶ 지금까지는 나만이 볼 수 있는 프로젝트 결과로 저장하는 방법을 설명했습니다. 이제는 내 프로젝트를 다른 사람이 볼 수 있게 자랑을 해볼까 합니다. 먼저 다른 사람들이 만든 과제는 '작품 공유하기' 메뉴에서 확인할 수 있습니다.

❷ 다른 사람들이 실시간으로 작업하는 결과물이 보입니다. 내가 만든 결과물도 이렇게 공유할 수 있을까요? 물론입니다. 아래 화면 내 '작품 공유하기' 버튼을 눌러 보겠습니다.

> **TIP** 작품을 공유하기 전에 반드시 나의 작품이 온라인에 저장되어 있어야 합니다.

❸ 아래와 같은 화면이 나타납니다. 지금까지 작업한 작품 목록과 함께 정책에 대한 동의란입니다. 공유하기를 원하는 작품을 선택하고 '전체 동의'를 체크한 후 '불러오기'를 수행합니다.

❹ F5를 눌러 새로고침 해보세요. 짠~ 선택한 작품이 바로 목록에 보입니다. 만약 못 찾겠다면 상단 검색 창에 작품명을 입력해 보시기 바랍니다.

❺ 해당 작품을 클릭해서 들어가 보면 작품의 결과를 동영상으로 바로 확인할 수 있습니다. 또한 '코드 보기'를 통해 내 코드가 다른 사람에게도 보입니다. 만약 보안이 필요하거나 비밀스럽게 유지하고 싶은 코드라면 공개하지 않는 편이 좋습니다.

TIP

'작품 공유하기'를 통해 공유된 작품의 코드는 모든 사람에게 공유되므로 코드 내에 개인 정보(전화번호, 주소, 주민등록번호 등)가 포함되지 않도록 각별히 신경 쓰시기 바랍니다.

❻ 이렇게 공유된 작품은 다른 사람에게 링크를 만들어 보낼 수도 있습니다. 작품 상세 화면의 스크롤을 내려보면 하단에 '공유' 탭이 있습니다. 이를 클릭하면 내 작품에 대한 링크가 자동으로 생성됩니다. 주변에 이 링크를 복사해 보내면 엔트리 사이트를 방문해 내 작품을 확인할 수 있습니다.

PART 5

: 엔트리로 코딩 익숙해지기

아이와 함께 해보기

이번 PART에서는 PART 4보다 조금 더 난도가 높은 부분을 다룹니다.

앞에서 기본적인 순차와 반복, 조건에 대한 구현을 어느 정도

학습했기 때문에, 이번에는 좀 더 높은 수준의 학습이 필요한

부분인 신호와 변수의 사용, 사용자로부터 직접 입력을 받는 부분 등을

학습해 보겠습니다.

CHAPTER 1

: 내 맘대로 그림판

학습 목표

- 신호와 변수를 사용할 수 있다.
- 오브젝트를 직접 그리거나 파일을 불러와 생성할 수 있다.
- 마우스 이벤트를 활용할 수 있다.
- 사용자로부터 값을 직접 입력받을 수 있다.

이번에는 조금 더 복잡한 엔트리 프로그램을 만들어 보겠습니다. 실제로 프로그램을 구현할 때는 사용자에게 직접 입력을 받기도 하고, 그 값을 기억해 두었다가 어떤 이벤트가 발생하면 특정 행동을 하도록 지시하는 등의 동작을 만드는 경우가 많습니다. 이렇게 사용자와 직접 상호작용하는 부분을 구현하기 위해서는 신호와 변수, 입력받는 화면을 구현하는 것이 필수적입니다.

이번에는 사용자가 의도하는 대로 그림을 그려 주는 그림판 프로그램을 직접 구현해 보려고 합니다. 요즘은 컴퓨터뿐 아니라 휴대폰에도 그림 그리는 도구가 매우 잘 만들어져 있기 때문에 잘 만들려면 정말 끝없이 어려운 기능이 많겠지만, 일단은 가장 기본인 '그리기' 기능에 초점을 맞춰 만들어 보겠습니다. 사용자가 마우스로 화면에 그림을 그리면 그 경로를 따라 그림이 그려지는 아주 간단한 프로그램입니다.

1.1 스토리 구상하기

이번에도 아래와 같이 문장으로 스토리를 적어 봅니다. 그리고 마인드맵으로 배경과 등장물, 그리고 핵심 기능에 대해 정리해 보겠습니다.

━━━━━━━━━━━━━━ 엔트리 주제 ☆ ━━━━━━━━━━━

주제 l 내 맘대로 그림판
내용 l 사용자가 마우스로 화면을 드래그하면 그 경로를 따라 그림이 그려집니다. 색깔 버튼으로 연필의 색상을 변경할 수도 있고, 사용자에게 값을 입력받아 연필의 두께와 투명도를 변경할 수도 있습니다. '모두취소' 버튼이 있어 이 버튼을 누르면 화면의 모든 그림을 지울 수 있습니다.

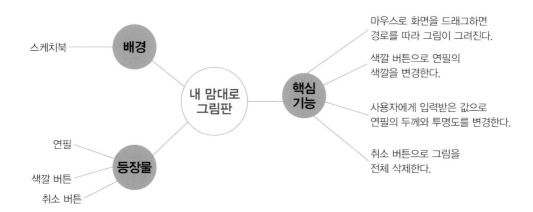

▶ 1.2 설계하기

이제 '내 맘대로 그림판'의 화면과 기능을 세부적으로 설계해 보겠습니다. 먼저 화면 설계를 위해 엔트리에서 기본으로 제공하는 오브젝트를 검토해 봅니다.

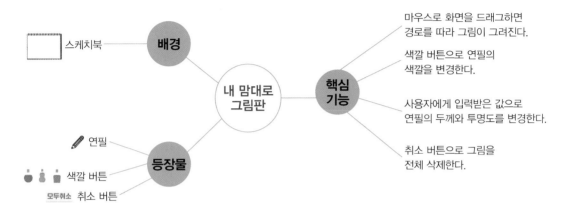

위와 같이 엔트리 오브젝트 모음에서 필요한 이미지들을 대략적으로 매칭해 보았습니다. 앗, 몇 가지 오브젝트를 매칭하는 것은 성공했으나, 배경인 '스케치북' 오브젝트는 존재하지 않습니다. '스케치북' 오브젝트 대신 유사한 다른 오브젝트로 대체해도 상관없지만, 이번 절에서는 직접 '스케치북' 오브젝트를 만들어 보거나, 외부에서 파일을 추가해 오브젝트로 사용해 보겠습니다. 이 내용은 앞으로 나올 구현 절에서 상세히 다룰 예정입니다.

이제 '스케치북' 오브젝트를 제외한 대략적인 디자인 구상은 끝났습니다. 이번에는 실제로 어떤 기능을 구현할지에 대한 설계를 진행해 보겠습니다. '내 맘대로 그림판'의 주요 핵심 기능은 아래와 같이 정리할 수 있습니다.

1. 마우스로 화면을 드래그하면 경로를 따라 그림이 그려진다.
2. 색깔 버튼으로 연필의 색깔을 변경한다.
3. 사용자에게 입력받은 값으로 연필의 두께와 투명도를 변경한다.
4. 취소 버튼으로 그림을 전체 삭제한다.

먼저, 가장 핵심이 되는 오브젝트는 '연필'이므로, 연필의 동작에 대한 알고리즘, 즉 설계를 다음과 같이 진행해 보겠습니다. 앞서 설명한 것과 같이 설계의 표현 방식에는 정답이 없으므로 자유롭게 표현해 보시기 바랍니다.

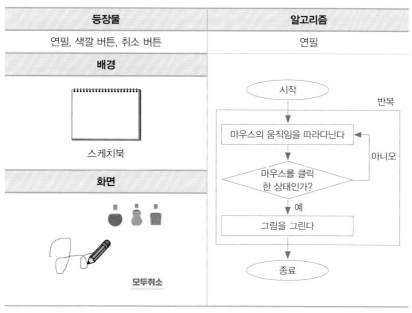

▶ 연필로 그림 그리기 동작 알고리즘

이번에는 색깔 버튼에 대한 설계입니다. 사용자가 특정 색깔 버튼을 클릭하는 경우 연필의 색깔을 해당 색으로 변경해 주면 됩니다.

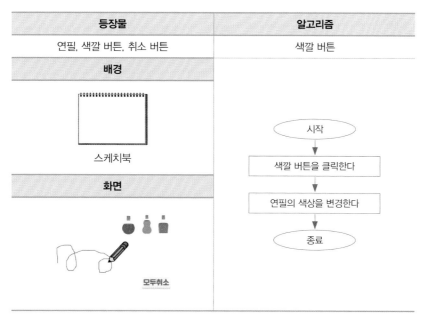

▶ 색깔 버튼 동작의 알고리즘

취소 버튼의 경우 클릭 시 화면의 모든 그림을 지우는 기능입니다. 매우 간단한 기능이네요. 이 기능은 아래와 같이 표현할 수 있습니다.

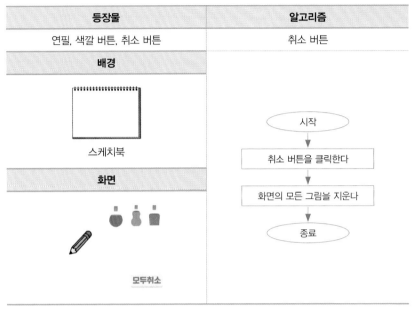

▶ 취소 버튼 동작의 알고리즘

▶ 1.3 구현하기

1. 스케치북 오브젝트 직접 생성하기

❶ 오브젝트 추가 버튼을 누른 후 '새로 그리기' 탭을 클릭합니다. '이동하기'를 선택하면, 오 브젝트를 직접 그릴 수 있는 그림판으로 이동합니다.

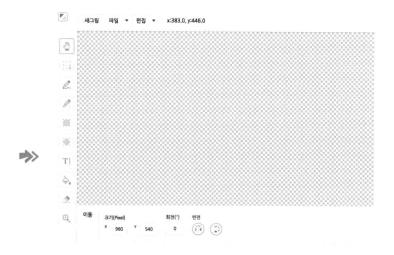

 TIP 설계 단계에서 오브젝트를 추가할 때 기본으로 제공되는 오브젝트에 '스케치북'을 표현할 수 있는 오브젝트가 없습니다. 이 경우 유사한 다른 오브젝트로 대체해 사용해도 되지만, 직접 '스케치북' 오브젝트를 생성할 수도 있습니다. 오브젝트를 새로 추가하는 방법은 직 접 그림을 그리는 방법과 파일을 업로드해 사용하는 방법이 있습니다.

❷ 흰색 도화지를 만들기 위해, 사각형 아이콘을 선택해 흰색 배경과 검은색 테두리의 사각형을 만듭니다. 사각형의 설정은 아래 그림에서 보는 것과 같이 윤곽선 색상은 검정색, 채우기 색상은 흰색으로 설정하면 됩니다.

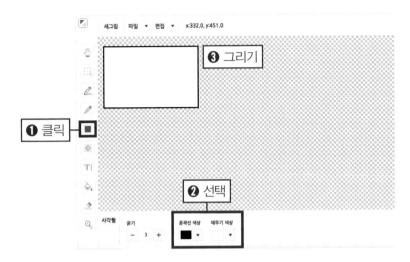

❸ 동그라미 아이콘을 선택해 똑같이 색상을 설정한 후 사각형 상단에 작은 동그라미를 여러 개 그려 스케치북 느낌을 냅니다. 필자는 아주 심플한 방법으로 스케치북을 그렸지만, 좀 더 멋있는 나만의 스케치북을 그려 보는 것도 좋습니다.

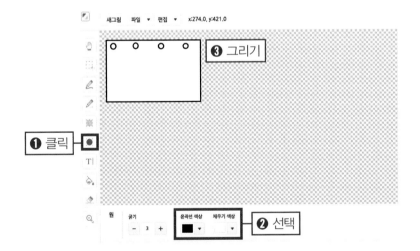

엔트리에서 기본 제공하는 그리기 도구는 사용성이 그다지 좋은 편이 아닙니다. 사실 제대로 된 오브젝트를 그리고 싶다면, 포토샵 등 전문 그림 도구를 사용해 그림을 그리고 파일(.png, .jpg 등)로 저장해 파일 불러오기로 추가하는 편이 낫습니다.

❹ 그림을 다 그렸다면, '파일 〉 저장하기'를 클릭합니다. 그림을 저장한 결과는 [모양] 탭에 나타나며 자동으로 오브젝트 목록에도 추가됩니다. [모양] 탭에서 이름을 클릭해 '스케치 북'으로 변경합니다. 그리고 오브젝트 목록에서도 '스케치북'으로 이름을 변경합니다.

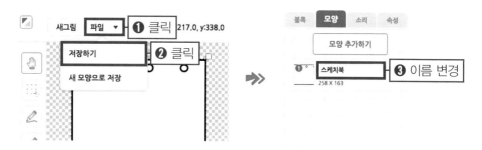

2. 스케치북 오브젝트 파일 업로드하기

❶ 직접 그린 결과물이 썩 마음에 들지 않네요. 이번에는 스케치북 이미지를 추가하는 방법 입니다. 앞에서 생성한 오브젝트는 오브젝트 목록에서 삭제합니다. 그리고 오브젝트 추 가 화면을 실행해 두 번째 탭인 '파일 올리기' 메뉴를 클릭합니다. 여기에서 직접 이미지 파일을 업로드할 수 있습니다.

❷ 필자는 직접 가지고 있던 스케치북 이미지를 다음과 같이 추가해 보았습니다. 파일을 추가한 후에는 해당 파일 이미지를 꼭 한번 클릭하여 파란색으로 테두리 표시가 된 것을 확인하고 '추가하기'를 눌러야 합니다.

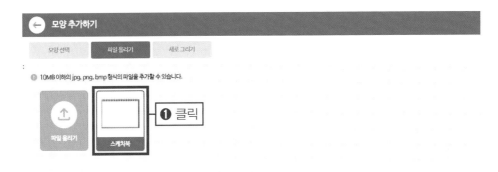

❸ 짠~ 너무나 쉽게 새로운 오브젝트가 추가되었습니다. 이제 추가된 오브젝트는 엔트리 프로그램 내 어디서든 자유롭게 불러와 사용할 수 있습니다

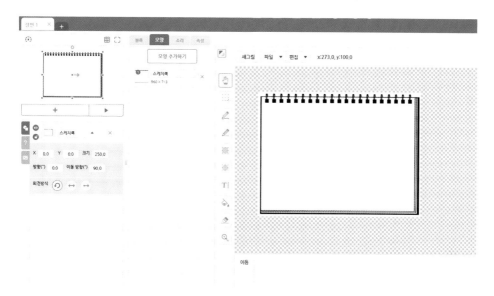

3. 스케치북 화면 구성하기

❶ 기본으로 생성되었던 엔트리봇을 삭제해 기본 화면으로 만들어 줍니다. 그리고 앞서 추가한 스케치북을 선택해 양쪽 모서리의 점을 끌어 화면 크기에 맞게 적당히 키웁니다.

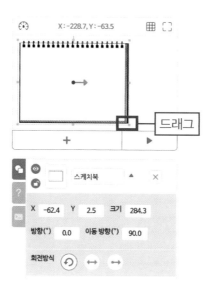

151

❷ 다음으로 빨강, 초록, 파랑 색깔 오브젝트를 화면에 순서대로 구성합니다. 여기에서는 엔트리에서 기본으로 제공하는 오브젝트 중 '빨강 물약', '초록 물약', '파랑 물약' 오브젝트를 사용했습니다.

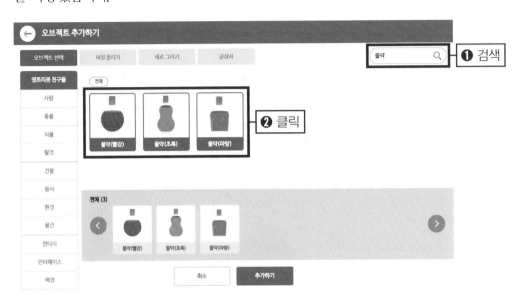

❸ 이번에는 '취소' 버튼을 추가할 차례입니다. 검색창에 '취소'를 검색하니 '모두취소' 버튼이 보이네요. 이걸로 추가하겠습니다.

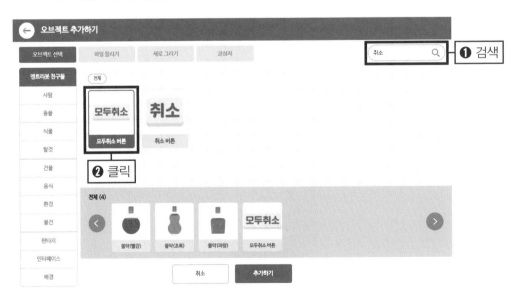

❹ 마지막으로 '연필' 오브젝트를 추가합니다. 검색창에 '연필'이라고 검색해서 나오는 오브젝트 중 하나를 선택한 후 '추가하기'를 누릅니다.

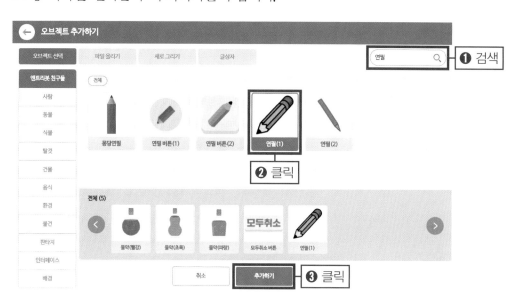

❺ 이제 화면에 추가된 오브젝트들의 크기와 위치를 적당히 변경해 적절한 위치에 배치합니다. 설계 문서에서의 배치와 조금 달라졌지만 괜찮습니다.

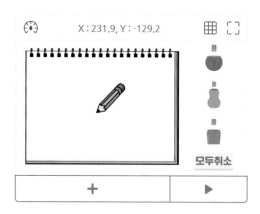

4. 마우스를 따라다니는 연필 표현하기

❶ '연필' 오브젝트를 선택한 다음, [시작] → [시작하기 버튼을 클릭했을 때] 블록을 가져와 작업판에 추가합니다. [움직임] → [연필▼ 위치로 이동하기] 블록을 추가하고, '연필'을 클릭해 '마우스포인터'로 변경합니다.

TIP

[연필▼ 위치로 이동하기] 블록은 이동과 관련된 블록인데, 기본값으로 '연필'과 같이 현재 화면에 추가된 오브젝트 중 하나가 설정됩니다. 하지만 오브젝트 위치로 이동하는 것뿐 아니라 거꾸로 어떤 오브젝트가 마우스포인터를 따라다니게 할 수 있는 블록이기도 합니다. 이름만 보고는 '마우스포인터'와 관련된 기능임을 짐작하기에 어려움이 있으니 이 블록의 용도를 꼭 기억해 두시기 바랍니다.

---

❷ '연필' 오브젝트는 마우스포인터를 계속해서 따라다녀야 합니다. [흐름] → [계속 반복하기]

블록을 가져와 ❶의 블록을 감싸 줍니다. 만약 반복 블록으로 해당 동작을 감싸 주지 않으면 처음 한 번만 연필이 움직이고 그 이후로는 한자리에 계속 머물러 있을 것입니다.

5. 마우스 클릭 시 연필로 그림 그리기

❶  블록을 끌어옵니다. 메뉴에 있는 블록들은 항상 모든 동작의 처음이어야 하므로 기존의 다른 블록에 연결해서 사용할 수 없습니다. 따라서 해당 블록은 화면의 적당한 곳 아무 데나 떨어뜨려 놓으시기 바랍니다.

❷ 그림 그리는 기능과 관련된 블록은 메뉴에 있습니다. 블록을 선택해 끌어와 ❶의 블록 아래에 위치시킵니다. 이제 마우스를 클릭한 상태로 화면을 드래그하면서 그림을 그릴 수 있게 되었습니다.

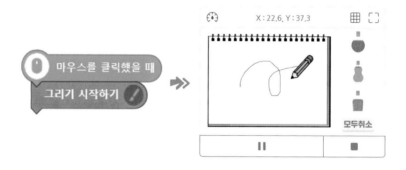

❸ 이번에는 마우스 클릭을 해제했을 때는 그림을 그리지 않도록 명령해 보겠습니다. 블록을 화면에 추가하고 → 블록을 끌어와 붙입니다. 즉, 마우스 클릭이 해제되었을 때는 화면에 그림 그리는 동작을 멈추라는 지시입니다.

155

❹ 자, 이제 코드를 실행해 보겠습니다. 마우스를 클릭하면서 이동해 보세요. 마우스 이동 경로에 따라 그림이 그려지고 마우스 클릭을 해제하면 그리기를 멈춥니다.

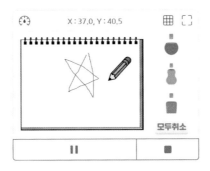

6. 붓 색상 변경하기 – 신호 보내기

❶ 물약을 선택했을 때 붓 색상이 변하는 코드를 작성하기 위해서는 '신호'를 추가해야 합니다. 먼저 파란색 물약을 클릭했을 때 신호를 보내기 위해 [속성] 탭의 '신호 추가하기' 버튼을 선택해 '파란색' 신호를 추가합니다.

> **TIP**
>
> 화면에는 붓 색상을 변경할 때 사용할 3가지 색상의 물약 오브젝트가 추가되어 있습니다. 우리는 설계 작업 시 사용자가 한 가지 색상을 클릭하면 해당 색상으로 붓 색상이 변경되는 동작을 정의했습니다. 이렇게 '색상을 클릭하는' 동작이 '붓 색상이 변경'되는 동작으로 연결되기 위해 중간에 신호를 전달하는 구현이 필요한 것입니다.

'신호'는 스스로가 아닌 다른 오브젝트의 행동을 변화시키고 싶을 때 사용합니다. 지금까지 배운 명령어로는 한 오브젝트가 다른 오브젝트를 변화시킬 수 없었습니다. 즉, 스스로를 클릭하거나 이동하는 것은 가능했지만, 다른 오브젝트의 생김새나 동작을 변경하는 것은 불가능했지요. '신호'는 이럴 때 사용하는 명령입니다. 예를 들어 파란색 물약을 선택했을 때, 붓의 색상을 변화시켜야 하는데 이렇게 먼저 수행한 어떤 동작(파란색 물약 선택)이 다른 동작(붓 색상 변화)을 유도해야 할 때 '신호'를 사용합니다.

신호 보내기는 어떤 상황에서 사용할 수 있을까요? A의 행동 혹은 이벤트에 따라 B의 행동이 만들어지게 하고 싶은데, 그러려면 B가 A의 행동이 발생한 것을 알아야 하겠지요. 이럴 때 A는 "나 이거 했어!"라는 신호를 B에게 보냅니다.

① 신호등이 파란불로 바뀌면 아이가 횡단보도를 건넌다.
② 강아지가 '멍멍' 했을 때 고양이가 '야옹'하고 말한다.
③ 태희가 '좋아해'라고 말하니 단우가 얼굴이 빨개졌다.

위 예시와 같이 한 개 이상의 오브젝트가 존재하고, 각각의 상황이 서로 연결되어 일어나게 하고 싶다면 '신호'를 사용합니다.

신호를 사용하는 방법은 간단합니다. [속성] 탭을 선택하면 [신호] 메뉴가 나타납니다. 예를 들어 '여자아이는 신호등이 파란불로 바뀌면 횡단보도를 건넌다'를 구현하고 싶다면 '신호등'이 '파란불' 신호를 '여자아이'에게 전달해 '여자아이'가 알게 해야 합니다. 다음은 '파란불' 신호를 추가한 결과입니다.

이제 '신호등' 오브젝트가 '파란불' 신호를 전달할 것이고, 이를 아이가 인지하면 횡단보도를 건너는 동작을 구현하면 됩니다. [블록] 탭의 [시작] 메뉴를 보면 조금 전에 추가한 '파란불' 신호와 관련된 코딩 블록들이 존재합니다. 이를 이용해 다음과 같이 구현해 주면 원하는 행동을 할 수 있습니다.

신호를 보내는 코딩 블록은 총 2가지입니다. 이 두 가지 블록의 사용처가 헷갈릴 수 있어 설명하자면, 첫 번째 블록은 신호를 보내고 난 후 바로 다음 블록의 동작으로 넘어가는 것이고, 두 번째 블록은 신호를 보내고 난 후 신호를 받은 오브젝트가 모든 동작이 끝낼 때까지 기다렸다가 다음 블록의 동작을 수행하는 것입니다.

예를 들어 다음과 같은 상황을 생각할 수 있습니다.

① 태희가 '단우야~!'하고 큰 소리로 불렀더니, 단우가 태희에게로 걸어갔다.
② 태희가 '단우야~!'하고 큰 소리로 불렀더니, 단우가 태희에게로 걸어갔다.
   단우가 태희 앞에 서자 태희가 '잘 지냈어?'하고 안부 인사를 했다.

먼저 ①의 상황은 '단우야~!'라는 소리 신호를 보내기만 하면 끝나는 동작이지만, ②의 상황은 '단우야~!'라는 소리 신호를 보낸 후, 단우가 걸어올 때까지 기다린 다음 '잘 지냈어?'하고 발화하는 동작입니다. 직접 구현한다면 아래와 유사한 코드가 될 것입니다.

❷ 파란색 물약을 클릭했을 때 '파란색' 신호를 보내는 코드를 추가하기 위해, '파란색 물약' 오브젝트를 선택한 후  블록을 추가합니다. 이어서 블록을 연결해 줍니다.

❸ 이제 신호를 받았으니 붓의 색상을 변경합니다. 블록을 추가한 후 '대상없음'을 '파란색'으로 선택하고, 블록을 추가합니다. 그리고 '색상' 부분을 마우스로 클릭해 '파란색'으로 지정합니다.

〈'연필' 오브젝트 작업판〉

TIP 메뉴의 블록은 프로그램에 신호(ex. 빨간색, 파란색 등)가 추가된 순서에 따라 , 와 같이 이름이 바뀌어 있을 수 있습니다. 어떤 기본 값이든 화면에 가져와 마우스로 클릭해 원하는 신호로 지정하면 됩니다.

7. 붓 색상 변경하기 – 마우스 클릭 이벤트 발생하기

❶ 이제 파란색 물약을 클릭한 후 그림을 그리면 붓의 색상이 파란색으로 변해야 합니다. 만약 아무 동작을 하지 않는다면 오브젝트 목록에서 '물약' 오브젝트들이 '연필' 오브젝트보다 위에 위치하도록 조정해 주세요.

여기서 잠깐!

여러 개의 오브젝트가 아래와 같이 쌓여 있다면, 마우스 클릭 이벤트는 가장 상위 오브젝트에만 전달됩니다. '연필' 오브젝트가 '물약' 오브젝트보다 상위에 위치해 있으면 '물약' 오브젝트에 마우스 클릭 이벤트가 전달되지 않습니다. 아래 그림과 같이 여러 오브젝트가 겹쳐 있는 상황에서는 항상 가장 최상위 오브젝트인 3번 오브젝트에만 마우스 이벤트가 전달되므로, 2번 오브젝트에 마우스 클릭 이벤트를 발생시키고 싶다면 오브젝트의 위치를 변경해 주면 됩니다.

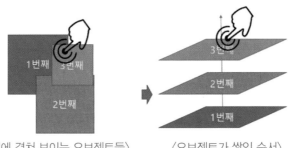

〈화면에 겹쳐 보이는 오브젝트들〉　　　〈오브젝트가 쌓인 순서〉

❷ 이제 코드를 실행해 봅니다. 그림을 그리다가 파란색 물약을 클릭하고 다시 그림을 그리기 시작하면, 붓의 색상이 파란색으로 바뀌어 그림이 그려집니다.

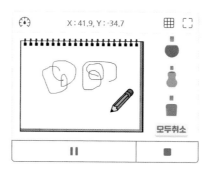

8. 붓 색상 모두 변경하기

❶ 이제 다른 색상 물약에도 순서대로 신호와 클릭 이벤트를 적용해 보겠습니다. 아래와 같이 '빨간색'과 '초록색' 신호를 모두 추가합니다.

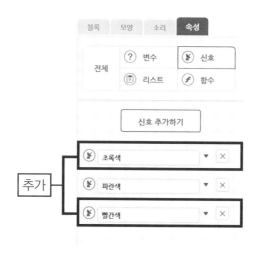

❷ '초록색 물약'과 '빨간색 물약' 오브젝트를 클릭 시 빨간색 혹은 초록색 신호를 보내는 코드를 작성합니다. [시작] → [오브젝트를 클릭했을 때]와 [파란색 ▼ 신호 보내기] 블록을 추가해 색상을 바꿉니다.

〈초록색 물약〉　　　　　〈빨간색 물약〉

❸ 이제 붓에 각 물약의 클릭 이벤트를 지정합니다. 먼저  블록을 가져와 '초록색' 신호를 지정합니다. 그에 따라 붓 색상을 초록색으로 바꿀 수 있도록 ![붓] → ![붓의 색을 (으)로 정하기] 블록을 가져와 색상 코드를 '초록색'으로 변경했습니다. 빨간색 물약도 마찬가지로 블록을 가져와 색깔을 '빨간색'으로 변경해 줍니다.

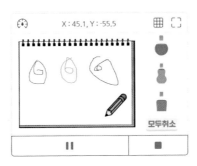

〈'연필' 오브젝트 작업판〉

❹ 이제 코드를 실행해 봅니다. 각 물약의 색상을 클릭하고 그림을 그리면, 해당 색상으로 붓의 색상이 변경되는 것을 확인할 수 있습니다.

9. 모두취소하기

❶ [속성] 탭의 '신호 추가하기'에서 '모두취소' 신호를 추가합니다. 이 신호는 모든 '연필' 오브젝트에서 사용할 것입니다.

'모두취소' 버튼을 누르면 '연필'이 그린 모든 그림을 지우므로, 붓의 색상 변경 때와 마찬 가지로 '신호'를 사용해야 합니다. '모두취소' 명령은 버튼이 내리지만 실제로 '연필'이 그린 그림을 지우는 것이므로 서로 다른 오브젝트간에 상호작용을 해야 합니다.

❷ '모두취소 버튼' 오브젝트를 선택하고 오브젝트를 클릭했을 때 '모두취소' 신호를 보내는 코드를 작성합니다.  블록을 추 가하고, '모두취소' 신호를 지정합니다.

❸ 다음으로 '연필' 오브젝트 작업판에서 아래와 같이 블 록을 가져와 '모두취소' 신호로 변경합니다. 그리고 코드를 가져 와 붙여 줍니다.

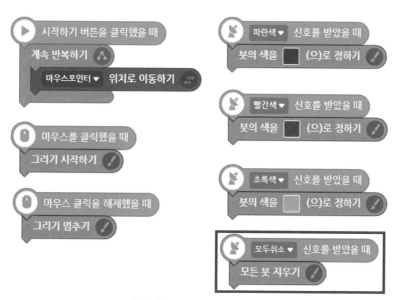

〈'연필' 오브젝트 전체 작업판〉

163

❹ 이제 코드를 실행합니다. 모든 그림을 그리고 나서 '모두취소' 버튼을 누르면 화면에 그린 모든 그림이 지워지는 것을 확인할 수 있습니다.

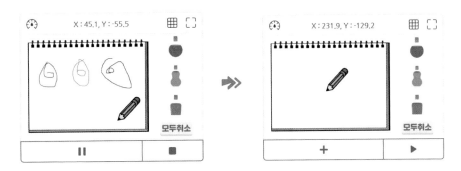

10. 연필의 두께 변경하기 – 값 입력받기(변수)

❶ 두께 값은 사용자에게 직접 입력받을 예정입니다. [속성] 탭에서 '변수 추가하기'를 클릭합니다. 변수의 이름은 '두께'라고 넣고 기본값으로 설정되어 있는 '모든 오브젝트에 사용'을 확인하고 '확인'을 누릅니다. '공유 변수로 사용' 항목은 체크하지 않습니다.

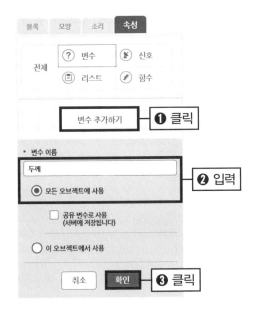

'변수'란 단순히 '여러 가지 값으로 변할 수 있는 수'라는 뜻을 가집니다. 코딩을 하다 보면, 어떤 값을 미리 결정할 수 없고 추후에 변동이 생기는 경우가 생깁니다.

위 그림에서는 큰 강아지가 '안녕 넌 이름이 뭐니?'하고 묻습니다. 그러자 프로그램을 사용하는 사람이 강아지의 이름을 '루피'라고 입력하지요. 이때 '루피'라는 값이 프로그램에 '변수'로 저장됩니다. 이제 다음 장면에서 이 변수를 사용해 '안녕 루피야! 반가워!'라고 말할 수 있게 됩니다. 간단히 코드로 작성하면 아래와 같은 형태가 될 것입니다.

3번째 코딩 블록이 어려워 보일 수 있지만, 결국 사용자로부터 입력받은 대답 값을 메시지에 대입해 발화하는 코드입니다. 간단히 로직을 설명하면, 프로그램에서는 사용자가 어떤 이름을 입력할지 모르니 일단 '누구'라고 지정해 '안녕 "누구"야! 반가워!'라고 메시지를 코드에 정의한 것입니다. 다음으로 '누구'에 대해 사용자가 값을 입력하면 이를 '대답'이라는 변수에 넣습니다. 그리고 '대답' 변수 값을 사용해 최종 발언을 하는 것입니다. 이 코딩 블록을 어떻게 만드는지는 추후 다루겠습니다.

즉, 변수란 프로그램 작성 시점에는 정해져 있지 않은 값으로, '누구'와 같은 임의의 공간을 만들어 두고 실제로 프로그램을 수행하면서 입력된 값을 해당 공간에 동적으로 할당하는 것으로 생각하면 됩니다.

참고로 위에서 사용한 '대답'이라는 변수는 엔트리에서 기본적으로 제공하는 변수의 이름입니다. 프로그램에서 변수를 단 한 개만 사용한다면 이 변수를 그대로 사용해도 되지만, 좀 더 응용(값을 증감하는 등)해 사용하고 싶거나 여러 개 정의하고 싶다면 직접 변수를 추가해야 합니다.

변수를 추가하기 위해서는 [속성] 탭에서 변수를 클릭합니다. 변수를 추가하고 나면 코딩 블록 모음의 [자료] 메뉴에 조금 전에 추가한 변수와 관련된 코딩 블록들이 다음과 같이 자동으로 생성되어 있을 것입니다.

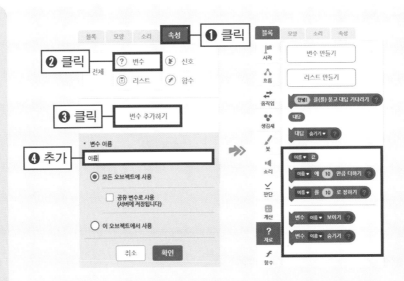

그렇다면 이제 이 변수를 어떻게 활용하면 될까요? 먼저 입력을 받기 위한 코딩 블록으로 [안녕! 을(를) 묻고 대답 기다리기] 를 사용하고 [변수 이름▼ 보이기] 를 수 행합니다. [변수 이름▼ 보이기] 를 실행하면 변수의 값을 화면에 함께 보여 줍니다.

이제 다음으로 [이름▼ 를 10 로 정하기] 코딩 블록을 가져옵니다. [블록] 탭에 있는 [대답] 블록은 다른 블록과 달리 동그랗고 작게 생겼습니다. 이렇게 생긴 블록은 단독으로는 실행될 수 없으며 다른 블록들 중 노란색으로 표시된 부분에 대치해서 사용할 수 있습니다. 이제 앞 부분에는 변수인 '이름'을 선택하고, 두 번째 노란색 블록에는 [대답] 을 넣습니다. 조금 전에 입력된 대답을 '이름' 변수에 저장하라는 뜻입니다. 제대로 저장되었는지를 확인하기 위해 '이름' 변수를 말하게 하는 코드를 삽입하겠습니다.

자, 이제 조금 전에 사용자가 입력한 '루피'라는 이름이 '대답' 변수를 통해 '이름' 변수에 최종 저장되었고, 엔트리봇이 '루피' 이름을 발화하는 것을 확인할 수 있습니다.

❷ 사용자에게 두께 값을 입력받기 위한 버튼도 필요합니다. 이번에는 그동안 써 본 적 없는 '글상자'를 사용해 버튼을 만들어 보겠습니다. 오브젝트 추가 버튼인 '+'를 눌러 '글상자' 탭을 선택합니다. 그리고 '연필 두께'라고 적고 '적용하기'를 누릅니다.

❸ 화면에 추가된 글상자의 크기와 위치는 마우스로 조절할 수 있습니다. 오브젝트를 적당한 크기로 적당한 위치에 둡니다.

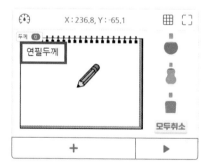

❹ 이제 '연필 두께' 오브젝트를 클릭했을 때 '연필 두께를 입력하세요'라는 메시지를 보여 주고 사용자의 입력을 기다려야겠지요? '연필 두께' 오브젝트를 선택한 후 [시작] → [오브젝트를 클릭했을 때]와 [자료] → [연필 두께를 입력하세요 을(를) 묻고 대답 기다리기] 블록을 차례로 추가합니다.

❺ 사용자가 입력한 값을 변수 '두께'에 할당하는 블록은 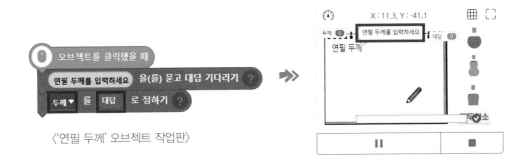 와 관련 있습니다. 변수명이 '두께'인 것을 확인하고, 10 대신 사용자에게 입력받은 값을 칭하는 변수인 대답 을 끌어와 놓습니다. 이제 사용자가 입력하는 값은 '대답'이라는 변수에 저장됩니다.

〈'연필 두께' 오브젝트 작업판〉

11. 연필의 두께 변경하기 – 신호 전달하기

❶ [속성] 탭에 신호를 선택해 '연필 두께'를 추가합니다.

 사용자가 연필 두께를 입력하면 실제로 연필의 두께 값이 변경되어야 하므로 여기에도 신호가 필요합니다. 왜냐하면 '연필 두께' 버튼 오브젝트와 '연필' 오브젝트는 완전히 다른 오브젝트지만 '연필 두께' 버튼을 눌러 입력된 값에 따라 '연필'의 두께가 실제로 변경되기 때문입니다.

❷ 이제 신호를 연필로 전달해야 합니다. 코드의 마지막에  를 끌어다 놓습니다.

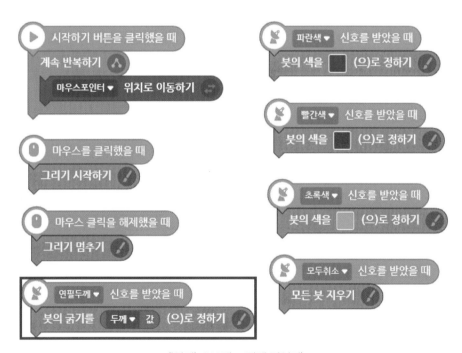

〈'연필 두께' 오브젝트 작업판〉

❸ '연필' 오브젝트를 클릭해 작업판을 열고 [시작] → [연필두께▼ 신호를 받았을 때] 블록과 [붓] → [붓의 굵기를 ① (으)로 정하기] 블록을 찾아 추가합니다. 노란 블록 안의 숫자 1에는 사용자가 입력한 값이 저장된 [자료] → [두께▼ 값] 변수를 끌어와 지정합니다.

〈'연필' 오브젝트 전체 작업판〉

❹ 자, 코드를 직접 실행해 봅시다. 실행 화면 왼쪽 상단의 '연필 두께' 버튼을 클릭해 두께 20을 입력하고 그림을 그리면 두꺼운 선으로 그림이 그려집니다.

12. 연필의 투명도 변경하기

❶ 투명도를 변경하는 코드는 두께를 변경할 때 작성한 코드와 거의 유사합니다. 먼저 투명도 값을 입력받아 저장할 '투명도' 변수를 추가합니다.

❷ '＋' 버튼을 눌러 '투명도' 글상자를 추가한 후, 크기와 위치를 조절해 화면에 배치합니다.

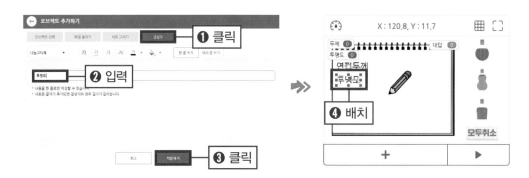

❸ 먼저 '투명도' 오브젝트를 선택한 후 [시작] → [오브젝트를 클릭했을 때]를 끌어와 놓고, [자료] → [투명도를 입력하세요 을(를) 묻고 대답 기다리기] 블록과 [투명도▼ 를 10 로 정하기] 블록을 연결합니다. 마지막으로 '10' 대신 [대답] 변수를 지정해 줍니다.

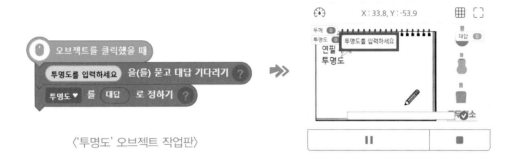

〈'투명도' 오브젝트 작업판〉

TIP 변수와 관련된 동작은 대부분 [자료] 메뉴에서 참고하면 됩니다.

---

❹ '연필' 오브젝트에 사용자가 값을 입력 완료했다는 신호를 보내야 합니다. [속성] 탭에서 '투명도' 신호를 추가합니다.

❺ 다시 '투명도' 오브젝트로 돌아와 [시작] → [투명도▼ 신호 보내기] 블록을 추가합니다.

❻ 마지막으로 '연필' 오브젝트가 '투명도' 신호를 받으면 실제로 투명도 값을 변경하는 부분입니다. '연필' 오브젝트를 선택해 작업판을 열고  블록과  블록을 끌어와 '10'대신 투명도▼ 값 를 지정합니다.

❼ 이제 코드를 실행해 보겠습니다. 투명도를 90(%)로 입력하고 그림을 그렸더니 반투명 상태가 되어 뒤에 그린 그림이 비쳐 보입니다.

▶ 1.4 검토하기

이제 모든 구현을 마쳤습니다. 이번 절에서는 구현한 내용을 실행하고 테스트하는 검토 과정을 거쳐 프로그램을 찬찬히 실행해 보면서 마음에 들지 않는 점을 몇 가지 체크해 보겠습니다. 저는 아래와 같은 것들이 수정, 변경되었으면 좋겠습니다.

1. 연필의 색상을 변경할 때마다(물약을 클릭할 때마다) 연필심의 색상을 바꿔서 현재 무슨 색인지 알려 주었으면 좋겠다.
2. 연필의 색상을 변경할 때마다 효과음이 추가되면 좋겠다.
3. 연필 두께나 투명도를 입력받을 때 마우스를 따라다니는 연필 오브젝트가 보이지 않았으면 좋겠다.

다행히 오동작하는 것들은 아직까지 발견되지 않았고 기능의 수정이나 추가에 대한 내용입니다. 하나씩 차근차근 살펴보겠습니다.

1. 연필 색상 바꾸기

❶ 현재 연필 색상을 알려 주는 방법에는 여러 가지가 있겠지만, 여기에서는 연필심 색상을 빨간색, 초록색, 파란색으로 바꿔 보겠습니다. '연필' 오브젝트를 선택하고 [모양] 탭으로 이동합니다. 그림판의 중간쯤 색깔 펜 아이콘을 클릭해 연필심 부분을 칠한 후, '파일 〉 저장하기'로 오브젝트를 저장합니다.

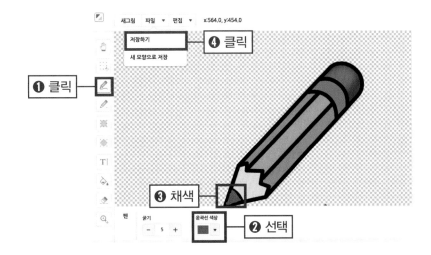

❷ 초록색, 파란색 연필도 '모양 추가하기'로 모양을 추가하고 연필심을 칠하여 저장합니다. 직접 수정한 오브젝트의 이름 뒤에 '빨강', '초록', '파랑'을 붙입니다.

❸ 이제 물약을 클릭할 때마다 오브젝트가 해당 모양으로 바뀌도록 구현하기 위해 각 오브젝트의 클릭과 관련된 코드 뒤에 블록을 가져와 붙여 줍니다. 블록 안의 '연필_빨강'은 각각의 신호 색깔에 맞는 오브젝트로 변경해 줍니다.

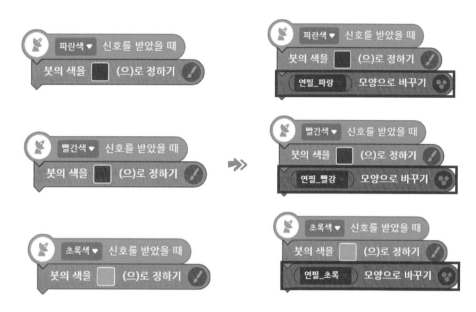

〈'연필' 오브젝트 작업판〉

❹ 이제 프로그램을 실행해 보겠습니다. 물약을 클릭해 연필의 색상을 변경할 때마다 변경된 색상이 적용된 연필 모양을 보여 줍니다.

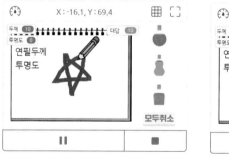 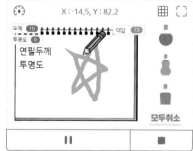

2. 연필 색상 바꿀 때 효과음 내기

❶ 이번에는 연필로 모양을 바꿀 때 간단한 소리 효과음을 발생시켜 실제로 제대로 변경이
되었는지를 확인하고자 합니다. [소리] 탭으로 이동해 '소리 추가'를 선택합니다.

❷ 원하는 소리를 추가합니다. 여기에서는 단순 효과음이므로 '악기' 메뉴에서 피아노 소리
중 하나인 '피아노_08솔' 소리를 추가하겠습니다.

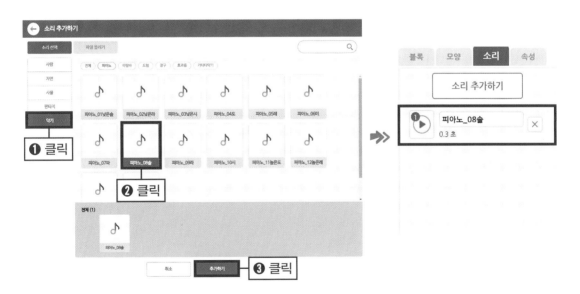

❸ 이제 소리를 재생하는 코드를 추가합니다. 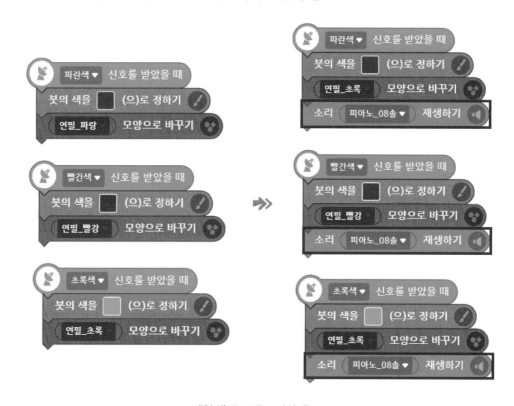 → 블록을 연필의 색상을 변경하는 코드에 끌어와 붙입니다.

〈'연필' 오브젝트 작업판〉

3. 사용자 입력 시 연필 숨기기

사용자가 값을 입력하는 단계에서 마우스에 '연필' 오브젝트가 붙어 있으니 입력에 방해가 되는 느낌입니다. 따라서 값의 입력을 기다리는 단계에서는 '연필' 오브젝트를 숨기는 코드를 작성해 보겠습니다.

먼저 구현을 어디에 해야 하는지를 생각해 봅시다. 사용자가 어떤 값을 입력하는 행동은 '연필 두께'나 '투명도' 버튼을 클릭했을 때입니다. 그리고 값을 입력할 때 '연필' 오브젝트가 숨겨져야 합니다. 즉, 이벤트가 발생하는 오브젝트(연필 두께 또는 투명도 버튼)와 그로 인해 행동이 변화되는 오브젝트(연필)가 각각 다르기 때문에 이번에도 신호를 이용한 구현이 필요합니다.

신호 탭으로 이동해 보니 이전에 '연필 두께'와 '투명도'를 추가한 적이 있네요. 이 신호를 그대로 사용하면 될까요? 답은 '그렇지 않다'입니다. 이미 추가된 이 신호들은 사용자가 값을 완전히 입력하고 입력까지 마친 단계에 발생하는 신호이며, 우리가 원하는 신호는 단순히 버튼만 눌리고 아직 값을 입력하지 않은 상태일 때 발생하는 신호입니다. 따라서 신호를 다시 추가해 주어야 할 것 같습니다. 다음과 같은 단계를 따라 해 봅니다.

❶ 신호 탭으로 이동해 '연필 두께_클릭'과 '투명도_클릭'과 같이 기존과 구분되는 이름의 신호를 추가합니다.

❷ '연필 두께' 오브젝트를 클릭했을 때 ❶에서 추가한 '연필두께_클릭' 신호를 보내야 합니다. 이때 사용자에게 값을 입력받기 전에 '연필' 모양을 숨겨야 하므로 기존 코드보다 먼저 실행되어야 합니다. '연필 두께' 작업판에서 오브젝트를 클릭했을 때 블록 뒤에 연필두께_클릭 ▼ 신호 보내기 블록을 가져와 추가합니다.

❸ '투명도' 오브젝트에도 '연필 두께' 오브젝트와 같은 구현을 위해  블록 뒤에 ⚑시작 → 투명도_클릭 ▼ 신호 보내기 ⏺ 블록을 추가합니다.

❹ 이제 ❷, ❸의 신호를 받은 '연필' 오브젝트가 보이지 않도록 숨기는 기능을 구현하기 위해, '연필' 오브젝트를 선택해 작업판을 실행하고 ⚑시작 → 투명도_클릭 ▼ 신호를 받았을 때 와 생김새 → 모양 숨기기 를 추가합니다. 마찬가지로 연필두께_클릭 ▼ 신호를 받았을 때 블록도 가져와 추가해 줍니다.

❺ 아직 끝나지 않았습니다. 값을 입력받을 때 모양을 숨겼으면 입력이 끝날 때 다시 모양을 보여 주어야 하겠죠? 기존 코드 중 값 입력이 끝난 신호를 받았을 때를 찾아 '모양 보이기'를 추가해야 합니다. 연필두께 ▼ 신호를 받았을 때 와 투명도 ▼ 신호를 받았을 때 의 블록 하단에 모양 보이기 블록을 추가합니다.

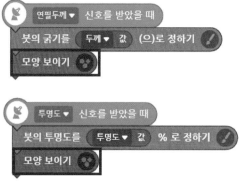

〈'연필' 오브젝트 작업판〉

❻ 자, 이제 프로그램이 완성되었습니다. 프로그램을 실행해 원하는 대로 구현이 잘 되었는 지 확인해 보세요.

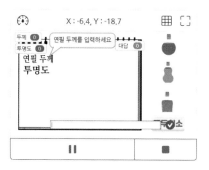

2019년 엔트리 사이트가 업데이트되면서 아래와 같은 확장 블록들이 추가되었습니다. 본 예제에서는 다루지 않았지만 매우 흥미 있는 블록들이기에 잠시 소개합니다.

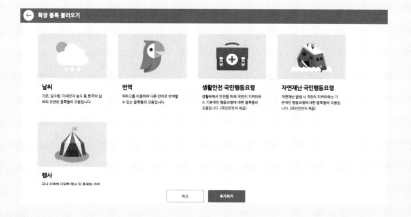

메뉴는 [블록] 탭의 하단에 위치합니다. 위의 확장 블록들을 선택해 '추가하기' 버튼을 누르면 엔트리 프로그램에 삽입됩니다. 이제 블록 탭에서 다음과 같은 확장 블록들을 직접 확인할 수 있습니다.

이 확장 블록을 사용해 아래와 같은 날씨 예제를 구현할 수도 있습니다.

단순히 서울시 서초구의 날씨를 묻고 그에 대한 대답을 보이는 매우 간단한 예제를 작성해 보았습니다. 엔트리 사이트에서는 이 밖에도 다양한 확장 블록을 앞으로도 계속 추가할 계획인 것으로 보입니다. 하지만 지금까지 익힌 기본적인 코딩 능력만으로도 충분히 응용 가능할 거라 자신합니다.

PART 6

: 엔트리로 코딩 연습하기

아이와 함께 해보기

이제 직접 문제를 해결해 보고 공유하는 시간을 가져 보겠습니다.
다양한 방법으로 아이가 친구와 혹은 부모님과 함께 문제를
풀어 보는 시간입니다. 다음 주제들은 충분히 기본 동작들을
엔트리로 구현할 수 있는 문제들로 검증해 제시해 보았습니다.

CHAPTER 1

: 계산기

간단한 덧셈, 뺄셈이 가능한 계산기를 만들어 봅시다.

1.1 스토리 구상하기

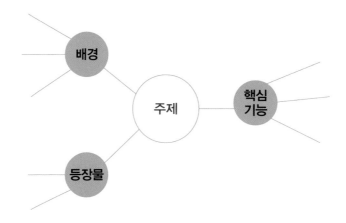

▶ 1.2 설계하기

등장물	알고리즘
배경	
화면	

▶ 1.3 구현하기

<아이와 함께 해볼까요?>

1.4 검토하기

<아이와 함께 해볼까요?>

CHAPTER 2

: 피아노 건반

건반을 누르면 해당 음의 소리가 나는 건반을 만들어 봅시다.

2.1 스토리 구상하기

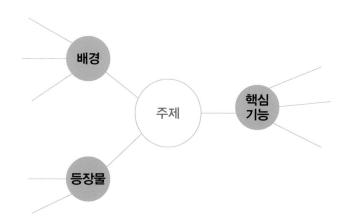

2.2 설계하기

등장물	알고리즘
배경	
화면	

2.3 구현하기

<아이와 함께 해볼까요?>

2.4 검토하기

<아이와 함께 해볼까요?>

CHAPTER 3

: 로봇 청소기

방을 꼼꼼히 구석구석 모든 부분을 청소하는 로봇 청소기를 만들어 봅시다.

3.1 스토리 구상하기

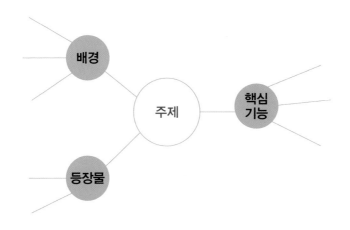

▶ 3.2 설계하기

등장물	알고리즘
배경	
화면	

▶ 3.3 구현하기

<아이와 함께 해볼까요?>

3.4 구현하기

<아이와 함께 해볼까요?>

우리 아이 첫 코딩
with 엔트리

1판 1쇄 2019년 9월 30일

저　　자 | 김선화
발 행 인 | 김길수
발 행 처 | (주)영진닷컴
주　　소 | 서울시 금천구 가산디지털2로 123 월드메르디앙벤처센터2차
　　　　　　 10층 1016호 (우)08505
등　　록 | 2007. 4. 27. 제16-4189호

ⓒ2019. ㈜영진닷컴

ISBN 978-89-314-6146-6